Wissenschaftliche Reihe Fahrzeugtechnik Universität Stuttgart

Herausgegeben von
M. Bargende, Stuttgart, Deutschland
H.-C. Reuss, Stuttgart, Deutschland
J. Wiedemann, Stuttgart, Deutschland

Das Institut für Verbrennungsmotoren und Kraftfahrwesen (IVK) an der Universität Stuttgart erforscht, entwickelt, appliziert und erprobt, in enger Zusammenarbeit mit der Industrie, Elemente bzw. Technologien aus dem Bereich moderner Fahrzeugkonzepte. Das Institut gliedert sich in die drei Bereiche Kraftfahrwesen, Fahrzeugantriebe und Kraftfahrzeug-Mechatronik. Aufgabe dieser Bereiche ist die Ausarbeitung des Themengebietes im Prüfstandsbetrieb, in Theorie und Simulation. Schwerpunkte des Kraftfahrwesens sind hierbei die Aerodynamik, Akustik (NVH). Fahrdynamik und Fahrermodellierung, Leichtbau, Sicherheit, Kraftübertragung sowie Energie und Thermomanagement – auch in Verbindung mit hybriden und batterieelektrischen Fahrzeugkonzepten.

Der Bereich Fahrzeugantriebe widmet sich den Themen Brennverfahrensentwicklung einschließlich Regelungs- und Steuerungskonzeptionen bei zugleich minimierten Emissionen, komplexe Abgasnachbehandlung, Aufladesysteme und -strategien, Hybridsysteme und Betriebsstrategien sowie mechanisch-akustischen Fragestellungen.

Themen der Kraftfahrzeug-Mechatronik sind die Antriebsstrangregelung/Hybride, Elektromobilität, Bordnetz und Energiemanagement, Funktions- und Softwareentwicklung sowie Test und Diagnose.

Die Erfüllung dieser Aufgaben wird prüfstandsseitig neben vielem anderen unterstützt durch 19 Motorenprüfstände, zwei Rollenprüfstände, einen 1:1-Fahrsimulator, einen Antriebsstrangprüfstand, einen Thermowindkanal sowie einen 1:1-Aeroakustikwindkanal.

Die wissenschaftliche Reihe „Fahrzeugtechnik Universität Stuttgart" präsentiert über die am Institut entstandenen Promotionen die hervorragenden Arbeitsergebnisse der Forschungstätigkeiten am IVK.

Herausgegeben von

Prof. Dr.-Ing. Michael Bargende
Lehrstuhl Fahrzeugantriebe,
Institut für Verbrennungsmotoren und
Kraftfahrwesen, Universität Stuttgart
Stuttgart, Deutschland

Prof. Dr.-Ing. Jochen Wiedemann
Lehrstuhl Kraftfahrwesen,
Institut für Verbrennungsmotoren und
Kraftfahrwesen, Universität Stuttgart
Stuttgart, Deutschland

Prof. Dr.-Ing. Hans-Christian Reuss
Lehrstuhl Kraftfahrzeugmechatronik,
Institut für Verbrennungsmotoren und
Kraftfahrwesen, Universität Stuttgart
Stuttgart, Deutschland

Andreas Schmidt

Modellierung von Fahrzeugantrieben anhand von Messdaten aus dem Koppelbetrieb zwischen Fahrsimulator und Antriebs-strangprüfstand

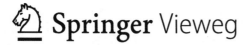

Andreas Schmidt
Stuttgart, Deutschland

Zugl.: Dissertation Universität Stuttgart, 2015

D93

Wissenschaftliche Reihe Fahrzeugtechnik Universität Stuttgart
ISBN 978-3-658-13471-6   ISBN 978-3-658-13472-3 (eBook)
DOI 10.1007/978-3-658-13472-3

Die Deutsche Nationalbibliothek verzeichnet diese Publikation in der Deutschen National-
bibliografie; detaillierte bibliografische Daten sind im Internet über http://dnb.d-nb.de abrufbar.

Gedruckt auf säurefreiem und chlorfrei gebleichtem Papier

Springer Vieweg ist Teil von Springer Nature
Die eingetragene Gesellschaft ist Springer Fachmedien Wiesbaden GmbH

Danksagung

Die vorliegende Arbeit entstand während meiner Zeit als wissenschaftlicher Mitarbeiter am Institut für Verbrennungsmotoren und Kraftfahrwesen (IVK) der Universität Stuttgart und am Forschungsinstitut für Kraftfahrwesen und Fahrzeugmotoren Stuttgart (FKFS). Die Grundlage dafür bilden das vom Bundesministerium für Bildung und Forschung geförderte Projekt VALIDATE und das von der Vector Stiftung geförderte Projekt ASimHP.

Herrn Prof. Dr.-Ing. Hans-Christian Reuss danke ich für die Möglichkeit zum Anfertigen der Arbeit an seinem Lehrstuhl und den großartigen Rückhalt während allen Phasen der Erstellung.

Herrn Prof. Dr.-Ing. Günther Prokop vom Institut für Automobiltechnik der Technischen Universität Dresden danke ich für die Bereitschaft zur Übernahme des Mitberichts.

Besonderer Dank gilt auch meinen beiden Bereichsleitern Dr.-Ing. Gerd Baumann, unter Anderem für sachdienliche Hinweise zu den Besonderheiten von Echtzeitanwendungen, und Dr.-Ing. Michael Grimm, für die Schaffung der notwendigen Freiräume und die große Unterstützung in der Endphase der Arbeit.

Außerdem danke ich den Kollegen am IVK und FKFS, die durch gegenseitige Hilfe, sowie fachlichen und privaten Austausch ein hervorragendes Arbeitsklima geschaffen haben.

Andreas Schmidt

Inhaltsverzeichnis

Zusammenfassung

Die gleichzeitige Verfügbarkeit eines Fahrsimulators und eines Antriebsstrang-prüfstands an einem Standort legt es nahe, diese beiden Anlagen miteinander zu verbinden. Ein am Prüfstand real vorhandener Fahrzeugantrieb wird auf diese Weise als Hardware-in-the-Loop-Komponente in die virtuelle Simulationsumgebung mit realem Fahrer am Fahrsimulator eingebunden. Dadurch ist es möglich, die jeweiligen Vorteile der Anlagen zu vereinen und sich daraus ergebende neue Nutzungsmöglichkeiten zu erschließen.

Die vorliegende Arbeit gibt zunächst einen allgemeinen Überblick über verschiedene Arten bereits realisierter Fahrsimulatoren und Antriebsstrangprüfstände. Im Speziellen werden die beiden am Institut installierten Anlagen vorgestellt.

Anschließend wird die technische Umsetzung der Verbindung des Simulators und Prüfstands am IVK/FKFS erläutert. Dabei werden insbesondere die Datenübertragung zwischen Simulator und Prüfstand, sowie regelungstechnische Aspekte behandelt. Letzteres betrifft hauptsächlich die Erfüllung der Zeitanforderungen durch die Datenübertragung und deren Auswirkungen auf die Stabilität des Regelkreises.

Neben verschiedenen weiteren Anwendungsmöglichkeiten der Verbindung wird insbesondere die Nutzung der im Koppelbetrieb durchgeführten Messdatenaufzeichnungen zur Erstellung von Antriebsstrangmodellen ausführlicher beschrieben. Es wird je ein Verfahren für parametrische und nichtparametrische Modellierungsverfahren vorgestellt.

Zum Abschluss der Arbeit wird anhand durchgeführter praktischer Beispiele gezeigt, wie die Einbeziehung nutzungsrelevanter Betriebspunkte in die Parameteridentifikation und Modellerstellung angewendet wird. Auf diese Weise kann die Genauigkeit der Modelle verbessert, beziehungsweise der Aufwand zur Erzeugung der benötigten Messdaten gegenüber dem klassischen Vorgehen verringert werden.

Abstract

In case of the simultaneous availability of a driving simulator and a powertrain test bench at one location it is obvious to interconnect these two facilities. Thus a real vehicle powertrain, which is driven on the test bench, gets integrated as a hardware-in-the-loop component into the virtual simulation environment in the driving simulator with a real driver. So it is possible to combine the specific advantages of the both facilities and to exploit new applications.

At the beginning, this thesis gives a general overview of different kinds of realized driving simulators and powertrain test benches. The two facilities at the institute are presented separately.

Subsequent, the technical realization of the interconnection of the simulator and the test bench at IVK/FKFS will be shown. By this, especially the data transmission between simulator and test bench, as same as aspects of control engineering are treated. This affects in particular the performance of the real-time requirements through the data transmission and the influence on the stability of the control loop.

Besides the different applications of the interconnection, above all the usage of the measurement data recorded in connected drive to create simulation models of powertrains is described in detail. One process to create parametric and non-parametric models is shown for each.

At the end of the thesis it is shown on some practical examples, how the inclusion of user-relevant operating points is applied for creating models and identification of parameters. In this way the accuracy of the models can be increased, or the effort of generating the necessary measurement data can be reduced towards the conventional approach.

1 Einleitung

In der Entwicklung neuer Fahrzeuge bzw. deren Komponenten ist es inzwischen üblich, diese zuerst in Simulationsmodellen darzustellen. Werden die mit Hilfe der Simulationen erzielten Ergebnisse als aussichtsreich eingeschätzt, so werden auf Basis der simulierten Modelle anschließend reale Gesamt- oder Teilsysteme zunächst prototypisch und später in Serie gefertigt.

Es treten jedoch auch Fälle auf, in welchen das umgekehrte Vorgehen anzuwenden ist. Das heißt, anhand eines bereits real vorhandenen Systems soll ein Simulationsmodell erstellt werden. Diese Situation tritt insbesondere dann auf, wenn es sich bei dem zu modellierenden System nicht um ein Produkt aus eigener Fertigung oder Entwicklung handelt. So kann es beispielsweise von Interesse sein, ein Fahrzeug oder eine Fahrzeugkomponente eines Wettbewerbers oder eines Zulieferers zu untersuchen. In den meisten Fällen ist die Verfügbarkeit der entsprechenden Versuchsträger zeitlich und quantitativ begrenzt. Eine Lösung dieses Problems ist die Erstellung von Simulationsmodellen der Versuchsträger. Mit solchen Modellen ist es möglich, das Systemverhalten der interessierenden Objekte zu analysieren, ohne dass dafür ein reales System erforderlich ist.

Ein weiterer Anwendungsfall ist die Erstellung eines an ein Realfahrzeug angelehnten Referenzmodells, dessen Simulationsergebnisse mit denen eines rein fiktiven Fahrzeugsimulationsmodells verglichen werden sollen. Dieser Fall liegt in einem Forschungsprojekt vor, in dem ein real vorhandenes Elektrofahrzeug als Referenzmodell für virtuelle Hybridfahrzeuge verwendet wird, welche mit Hilfe einer eigens dafür aufgebauten Simulationsplattform erstellt werden [57, 58].

Die in dieser Arbeit beschriebene Kopplung eines mit Bewegungssystem ausgestatteten Fahrsimulators mit einem hochdynamischen Antriebsstrangprüfstand stellt generell eine Innovation mit vielfältigen Nutzungsmöglichkeiten dar. Nicht nur im Hinblick auf die Modellerstellung zur Simulation von Antriebssträngen können dadurch zukünftig die Vorteile beider Anlagen kombiniert und gleichzeitig die jeweiligen Einschränkungen vermieden werden. Die technische Umsetzung der

Kopplung und deren Nutzungsmöglichkeiten sind Hauptgegenstand der vorliegenden Arbeit.

Unter den verschiedenen Nutzungsmöglichkeiten liegt der Schwerpunkt dieser Arbeit auf der Modellierung von Antriebssträngen. Diesen kommt im Hinblick auf die Steigerung der Energieeffizienz von Fahrzeugen und der sich aus der Elektrifizierung ergebenden konzeptionellen Neuauslegung auch in Zukunft eine besondere Bedeutung in der Fahrzeugentwicklung zu. Resultierend aus der hohen Anzahl an Freiheitsgraden moderner Fahrzeugantriebsstränge ergibt sich eine enorme Vielzahl möglicher Betriebszustände. Die Berücksichtigung aller möglichen Zustände bei der Modellerstellung ist demnach mit einem sehr hohen Aufwand verbunden. Das Weglassen zu vieler Zustände gefährdet die erzielbare Modellgenauigkeit. Die verschiedenen Betriebszustände werden im alltäglichen Fahrbetrieb jedoch höchst unterschiedlich abgedeckt.

Während einige Betriebszustände relativ häufig auftreten, werden andere selten oder teilweise überhaupt nicht erreicht. Es ist naheliegend, die Häufigkeit der Zustände bei der Modellerstellung zu berücksichtigen. Dies lässt sich dadurch realisieren, dass die für die Modellierung notwendigen Datenaufzeichnungen im nutzerrelevanten Betrieb des Systems erfolgen.

Es werden verschiedene Möglichkeiten aufgezeigt, wie anhand von Messungen an vorhandenen Systemen die für die Modellerstellung benötigten Daten gewonnen werden können. In der Vergangenheit wurden hierfür meist Messungen mit Komplettfahrzeugen im Straßenverkehr oder auf Teststrecken durchgeführt, oder die zu untersuchenden Komponenten auf Prüfständen vermessen. Messungen an Fahrzeugen im Straßenverkehr haben jedoch die Einschränkung, dass nicht alle benötigten Messstellen einfach zugänglich sind und sich bestimmte Fahrsituationen nicht ohne Weiteres gefahrlos nachstellen lassen. Bei Prüfstandsmessungen dagegen werden oft nur stationäre Betriebspunkte oder vorgegebene Fahrzyklen abgefahren, wodurch das wechselseitige Zusammenspiel von Fahrer und Fahrzeug vernachlässigt wird.

In vielen Fällen ist es selbstverständlich nicht von vornherein gegeben, dass die Modellstruktur und die Modellparameter der zu modellierenden realen Systeme in hinreichendem Umfang vorliegen. In dieser Arbeit werden verschiedene Verfahren vorgestellt, mit deren Hilfe anhand von Messungen an real vorhandenen Systemen geeignete Simulationsmodelle erstellt werden können. Es werden verschiedene Verfahren zur Parameterschätzung und Systemidentifikation vorgestellt, welche für die Erstellung der Simulationsmodelle anwendbar sind. In diesem Zusammenhang wird insbesondere auf die zwei verschiedenen Typen parametrische Modelle (White-Box-Modelle) und nicht parametrische Modelle (Black-Box-Modelle) eingegangen.

Zum Abschluss der Arbeit werden anhand einiger Beispiele die Anwendung der vorgestellten Verfahren zur Datenaufzeichnung und Modellerstellung, sowie die daraus resultierenden Ergebnisse erläutert.

2 Stand der Technik

Die Erprobung neuer Fahrzeuge und deren Komponenten wird bereits seit einiger Zeit von der Straße weg in Richtung Prüflabore verlagert. Dabei ist zu beobachten, dass der Anteil der Erprobung durch Simulationen stetig steigt. Dies ist vor allem durch die zunehmenden Möglichkeiten in der Simulationstechnik begründet, welche sich aus dem anhaltend rasanten technischen Fortschritt auf dem Gebiet der digitalen Datenverarbeitung und dem sprichwörtlichen Preisverfall bei den Chipsätzen bieten. Neben den sinkenden Kosten ist die Steigerung der Leistungsfähigkeit integrierter Schaltungen ausschlaggebend, welche im 1965 erstmals von Gordon Moore formulierten und bis heute gültigen mooreschen Gesetz (engl. Moore´s law) quantifiziert wird [48]. Die ursprüngliche Formulierung besagt, dass sich die Anzahl der Schaltkreiskomponenten pro Chipfläche jährlich verdoppelt. Später stellte sich heraus, dass der tatsächliche Zeitraum der Verdopplung bei ein bis zwei Jahren liegt.

Während bei der Erfindung des Automobils und in der Zeit danach noch sämtliche Erprobungen auf der Straße stattfanden, sinkt deren Anteil seitdem kontinuierlich. Zum Ende der 1980er Jahre lag der Anteil der Straßenerprobung bei 47,2 % gegenüber 52,8 % bei der Laborerprobung [50]. Aktuelle Zahlen sind nicht bekannt, doch dürfte der Anteil der Straßenversuche seitdem noch deutlich weiter gesunken sein. Die wesentlichen Hauptziele der Laborerprobung sind die Verkürzung der Entwicklungszeiten und die Verringerung der Entwicklungskosten durch möglichst weitgehenden Verzicht auf kostenintensive reale Versuchsträger. Gleichzeitig kann dadurch die Entwicklungsdauer einer neuen Fahrzeuggeneration drastisch reduziert werden.

Die Erprobung einzelner Fahrzeugkomponenten in der Simulation oder auf Prüfständen ermöglicht deren parallele Entwicklung, ohne dass dafür ein komplett funktionstüchtiger Fahrzeugprototyp benötigt wird. Die Tendenz geht dahin, dass in Zukunft immer größere Anteile des Entwicklungsprozesses simulativ durchgeführt werden und Erprobungen mit realen Versuchsträgern immer mehr nur der Validierung von Simulationsergebnissen dienen werden. Dadurch reduziert sich der Bedarf an Fahrzeugprototypen während des Entwicklungsprozesses. Eine vollständige

Ersetzung von Prototypen durch Simulationsmodelle und Prüfstandsversuche ist jedoch nicht absehbar.

Zum jetzigen Zeitpunkt ist es so, dass es im durch Fahrer, Fahrzeug und Umwelt gebildeten Regelkreis noch einige Komponenten gibt, welche weder im Entwicklungsprozess, noch bezogen auf den realen Straßenverkehr mit hinreichender Genauigkeit simuliert werden können. Um die Verwendung simulierter und real vorhandener Fahrzeugkomponenten möglichst flexibel handhaben zu können, werden die Simulationsmodelle in der Regel modular aufgebaut. Dazu gehört eine strikte Trennung von mechanischen Komponenten und Steuergerätefunktionen bei der Modellerstellung. Dabei ist eine systemorientierte Sichtweise anzuwenden, welche sich an den Systemschnittstellen des realen Fahrzeugs orientiert. In [63] wird diese Vorgehensweise am Beispiel eines Nutzfahrzeugantriebs erläutert.

Bei der Verwendung realer Komponenten, wie beispielsweise auf Prüfständen, müssen die Simulationsmodelle Echtzeitanforderungen erfüllen. Daraus ergeben sich Grenzen beim realisierbaren Detaillierungsgrad [43]. Gleiches gilt für den Einsatz in Fahrsimulatoren, wo mindestens der Fahrer, gegebenenfalls zusammen mit einzelnen Fahrzeugkomponenten, als nicht simuliertes Element im Regelkreis vorhanden ist.

In den folgenden Abschnitten werden die für diese Arbeit relevantesten Entwicklungswerkzeuge Fahrsimulatoren und Antriebsstrangprüfstände, sowie die Messfahrzeugflotte zur Gewinnung von Daten zur Modellerstellung näher betrachtet.

2.1 Fahrsimulatoren

Mit dem Begriff Fahrsimulator wird in dieser Arbeit ein System bezeichnet, in dem ein realer Fahrer ein Fahrzeug in einer virtuellen Simulationsumgebung bewegt. Der Umfang der simulierten oder real vorhandenen Komponenten und der Grad der Detaillierung der Simulation variiert zwischen den einzelnen Anwendungsfällen.

2.1.1 Anwendungsgebiete

In der Entwicklung von Fahrerassistenzsystemen bieten Fahrsimulatoren eine gute Möglichkeit, diese lange vor der Markteinführung im kundenrelevanten Fahrbetrieb zu erproben. Im Vordergrund stehen, neben den technischen Aspekten, besonders Untersuchungen zur Akzeptanz bei den Fahrern und zum Nutzen der Systeme im kundenrelevanten Fahrbetrieb. Auf diese Weise kann frühzeitig ermittelt werden, ob Normalfahrer mit neuartigen Systemen gut zurechtkommen oder ob sie damit überfordert sind. Bisherige Versuche, auch den Fahrer zu simulieren, scheiterten an der Komplexität und der fehlenden Vorhersehbarkeit menschlichen Verhaltens. Insbesondere die Abbildung der kongnitiven, emotionalen und motivationalen Einflüsse kann nur schwer umgesetzt werden [41]. Zwar existieren Modelle zur Darstellung der psychologischen Zusammenhänge, jedoch liegen diese in der Regel nicht in für Ingenieure verwendbarer Form als mathematische Zusammenhänge oder ausführbare Algorithmen vor [36]. Hinzu kommt, dass sich verschiedene Menschen in gleichen (Verkehrs-) Situationen höchst unterschiedlich verhalten. Benötigt und eingesetzt werden Fahrermodelle jedoch zur Simulation des Fremdverkehrs in Fahrsimulatoren [31]. Hierbei ist es für eine erfolgreiche Anwendung bereits ausreichend, wenn das Verhalten des Umgebungsverkehrs dem Probanden im Simulator realistisch erscheint.

In [22] wird die Methodik zur Untersuchung beispielhaft an der Entwicklung von sicherheitsrelevanten Fahrerassistenzsystemen im ehemaligen Fahrsimulator der DaimlerChrysler Forschung in Berlin beschrieben. In ähnlicher Weise kann das Vorgehen auch auf andere Fragestellungen, wie beispielsweise die Entwicklung von Assistenzsystemen zur Kraftstoffverbauchsreduktion, angewandt werden.

In Fahrsimulatoren können die unterschiedlichen Fahrertypen durch ein repräsentatives Probandenprofil, mit einer ausreichend großen Anzahl an unterschiedlichen Probanden, abgedeckt werden. Bei der Auswahl der Probanden werden je nach dem Ziel der Studie unterschiedliche Faktoren berücksichtigt. Die wichtigsten unter diesen sind Alter, Geschlecht, Fahrerfahrung, jährliche Fahrleistung und der Fahrstil, d. h. ob es sich beispielsweise um einen sportlichen oder eher ruhigen Fahrer handelt. Neben diesen mittel- bis langfristigen Faktoren spielen auch kurzfristige Stimmungsschwankungen eine Rolle. Ein gestresster Fahrer verhält sich anders als ein entspannter, ein gut gelaunter anders als ein schlecht gelaunter, ein erschöpfter anders als ein ausgeruhter.

Weiterhin bieten Fahrsimulatoren den Vorteil reproduzierbarer Umgebungsbedingungen, so dass Einflüsse von Störgrößen wie beispielsweise Witterung und Verkehr

eliminiert werden. Die fahrerspezifischen Einflussfaktoren können dadurch wesentlich besser identifiziert werden, als dies im realen Straßenverkehr möglich ist. Außerdem können im Fahrsimulator auch kritische Fahrsituationen ohne Gefährdung
von Menschen und Material dargestellt werden.

2.1.2 Bestandteile der Simulationsumgebung

Die im Simulator ermittelten Versuchsergebnisse sind dabei im Allgemeinen umso
repräsentativer, je realistischer die Umwelt für den Probanden im Simulator dargestellt wird. Dies umfasst die Nachbildung sämtlicher im Verkehr auf den Fahrer
wirkenden Sinneswahrnehmungen, insbesondere hörbarer, sehbarer und fühlbarer
Art. Die akustisch wahrnehmbaren Geräusche des Ego-Fahrzeugs und anderer Verkehrsteilnehmer können durch mehrkanalige Audiosysteme recht gut nachgebildet
werden.

In [51] werden die Grenzen bei der Nachbildung der Umwelt des Fahrers aufgezeigt.
Insbesondere im Bereich der Optik gibt es Einschränkungen, die nach heutigem
Stand der Technik noch nicht vollständig behoben werden können. Sitzen die
Probanden im Simulator in einem realen Fahrzeug, so können die Bedienelemente
haptisch so wahrgenommen werden, wie das bei einer Fahrt auf einer Straße der Fall
ist. Dies bedeutet auch einen enormen Vorteil für die optische Wahrnehmung, da
die wichtigsten sichtbaren Objekte, welche sich in unmittelbarer Nähe des Fahrers
befinden, real vorhanden sind und nicht über das Visualisierungssystem dargestellt
werden.

In [24] wird als weitere Wahrnehmungsquelle das Temperaturempfinden der Probanden aufgeführt, welches über eine Dom-Klimasimulation mit den entsprechenden
Reizen bedient werden kann. Außerdem wird hier zwischen Fahrdynamiksimulation und Komfortsimulation unterschieden. In beiden Fällen handelt es sich um
die Nachbildung von Kräften und Beschleunigungen über ein Bewegungssystem.
Dabei deckt die Fahrdynamiksimulation den niederfrequenten und die Komfortsimulation den höherfrequenten Bereich ab. Als erforderlicher Frequenzbereich
für eine realitätsnahe Simulation von Komfortaspekten werden 0 bis 40 Hz genannt. Im Allgemeinen sind die Bewegungsamplituden der Fahrdynamiksimulation
höher als die der Komfortsimulation. Ziel ist es, beide Simulationen miteinander zu
verknüpfen.

Um einzelne Komponenten des Simulators leichter austauschen zu können sind,
analog zu den Simulationsmodellen, auch Fahrsimulatoren in der Regel modular aufgebaut. Je nach Einsatzzweck werden bei der Zusammenstellung der Komponenten

unterschiedliche Schwerpunkte hinsichtlich der Komplexität, und damit einherge-
hend der Realitätsnähe, der einzelnen Bestandteile gesetzt. Es wird unterschieden,
zwischen den Simulatorkomponenten Fahrzeugsimulation, Umfeldsimulation und
Simulatorhardware. Die Fahrzeugsimulation lässt sich weiter unterteilen in die
Subkomponenten Fahrdynamik, Antriebsstrang/Bordnetz und gegebenenfalls Assistenzsysteme. Die Umfeldsimulation beinhaltet eine Fremdverkehrssimulation,
Streckenmodelle und grafische Datensätze. Die wichtigsten Bestandteile der Simulatorhardware sind ein Fahrzeug-Mockup, ein Projektionssystem, ein Soundsystem
und das Bewegungssystem. [33, 52, 53]

2.1.3 Fahrsimulatoren ohne Bewegungssystem

Sogenannte statische Fahrsimulatoren ohne Bewegungssystem haben gegenüber
solchen mit Bewegungssystem zwei gravierende Nachteile. Zum einen fehlt bei
diesen die Wahrnehmung der während dem Beschleunigen und Verzögern des
Fahrzeugs, sowie in Kurvenfahrten auftretenden Trägheitskräfte. Dies führt dazu,
dass die gefahrene Geschwindigkeit in den Simulatoren meist falsch und in der
Regel als deutlich zu niedrig eingeschätzt wird. Zum anderen stimmen die optischen
und kinästhetisch wahrgenommenen Sinneseindrücke nicht miteinander überein,
was bei vielen Probanden zur Simulatorkrankheit führt. Die Simulatorkrankheit
ist ebenso wie die Seekrankheit eine Form der Bewegungskrankheit und führt bei
bestimmten Personen häufig zu Übelkeit. [51]

In [32] wird beschrieben, wie das Auftreten der Simulatorkrankheit durch ein
spezielles Training zur Gewöhnung an die Fahrt bestimmter Fahrmanöver im Fahrsimulator vermindert und in den meisten Fällen sogar ganz vermieden werden kann.
Außerdem wird auf die Unterschiede zwischen Simulatorkrankheit und Bewegungskrankheit hinsichtlich Ursachen und Symptomen eingegangen. Simulatorkrankheit
und Bewegungskrankheit tritt jedoch nicht ausschließlich in Fahrsimulatoren ohne Bewegungssystem auf. Stimmen die Bewegungen eines Bewegungssystems
nicht mit den visuell wahrgenommenen Sinneseindrücken überein, so können die
Symptome auch bei Simulatoren mit Bewegungssystem auftreten.

Fahrsimulatoren ohne Bewegungssystem werden bevorzugt bei Anwendungen eingesetzt, bei denen das Verhalten des Fahrers keinen gravierenden Einfluss auf die
Ergebnisse hat. Wegen ihres einfachen Aufbaus haben sie daher eine gewisse Verbreitung im Einsatz als Schulungs- und Ausbildungswerkzeug, z. B. in Fahrschulen,
erlangt.

2.1.4 Fahrsimulatoren mit Bewegungssystem

Fahrsimulatoren mit Bewegungssystem bieten die Möglichkeit, zumindest einen Teil der Bewegungen, welche ein Fahrzeug auf der Straße durchführt, nachzubilden. Der Gesamtbewegungsablauf eines Fahrzeugs setzt sich aus der Überlagerung der unterschiedlichen im Folgenden beschriebenen Bewegungsanteile zusammen. Die wichtigsten Ursachen, welche die Fahrzeugbewegung beeinflussen, resultieren aus dem Fahrzeugantrieb, der Lenkung, der Fahrbahnoberfläche und aus der Aerodynamik des Fahrzeugs.

Die aus dem Antrieb resultierenden Bewegungen setzen sich wiederum aus der Beschleunigung des Fahrzeugs in Längsrichtung und aus diversen Schwingungen und Vibrationen zusammen. Die Beschleunigung des Fahrzeugs ergibt sich aus dem Antriebsmoment und den auf das Fahrzeug wirkenden Fahrwiderständen [47]. Zusammen mit den Verzögerungen des Fahrzeugs beim Bremsen werden diese Zusammenhänge unter dem Begriff Längsdynamik zusammengefasst. Auf die durch den Antrieb verursachten Schwingungen und Vibrationen wird in Kapitel 3.5.3 detaillierter eingegangen.

Die Lenkeingriffe des Fahrers während der Fahrt, Seitenwindkräfte sowie seitliche Fahrbahnneigung führen zu einer Reaktion des Fahrzeugs in Querrichtung. Das daraus resultierende Fahrzeugverhalten wird unter dem Begriff Querdynamik zusammengefasst. Ursache für die Bewegung des Fahrzeugs in Seitenrichtung sind Querkräfte, welche in den Kontaktpunkten zwischen Reifen und Fahrbahn auftreten, wenn Vorder- und Hinterreifen eines fahrenden Fahrzeugs nicht in der Spur sind. Es existieren unterschiedliche dynamische Modelle zur Berechnung und Simulation der Querdynamik von Fahrzeugen in Form von Differentialgleichungen für Ein- und Zweispurmodelle [47]. Die Darstellung der Querbeschleunigungskräfte durch ein Bewegungssystem im Fahrsimulator ist von entscheidender Bedeutung dafür, wie gut Probanden die Kurvengeschwindigkeiten einschätzen können. Beobachtungen an Fahrsimulatoren ohne Bewegungssystem haben gezeigt, dass in den meisten Fällen mit deutlich höheren Kurvengeschwindigkeiten gefahren wird und die fahrdynamischen Grenzbereiche häufiger überschritten werden, wenn keine Seitenführungskräfte dargestellt werden.

Die Eigenschaften der Fahrbahnoberfläche haben ebenfalls einen Einfluss auf die Bewegungsabläufe eines Fahrzeugs. Hierbei ist nach der Größenordnung dieser Fahrbahneigenschaften zu unterscheiden. Zum einen sind hier großflächigere Fahrbahneigenschaften zu nennen, zu denen Steigungen, Neigungen und größere Unebenheiten gehören. In [47] werden diese Schwingungen auf den nicht hörbaren

Frequenzbereich von 0 bis etwa 25 Hz begrenzt behandelt. Zum anderen wird das Fahrzeugverhalten auch durch lokal begrenzte Fahrbahneigenschaften wie die Rauhigkeit des Fahrbahnbelags beeinflusst.

Die Aerodynamik umfasst die Reaktionen des Fahrzeugs, welche aus der Umströmung des Fahrzeugs mit Luft oder aus Seitenwind resultieren. Entsprechend den drei translatorischen und den drei rotatorischen Freiheitsgraden setzen sich die Einwirkungen durch die Fahrzeugumströmung aus den Kräften Luftwiderstandskraft, seitliche Luftkraft und Auftriebskraft, sowie den Momenten Luftwankmoment, Luftnickmoment und Luftgiermoment zusammen [47]. Typische Fahrdynamikmodelle, wie veDYNA (Tesis), erlauben die Vorgabe der Luftwiderstandsbeiwerte und Stirnflächen des Fahrzeugs, sowie die Vorgabe von Windrichtung und Windgeschwindigkeit. Der von der Geschwindigkeit in Fahrtrichtung abhängige Luftwiderstand des Fahrzeugs ist bereits vollständig in der Fahrwiderstandsgleichung, aus welcher die Geschwindigkeit bzw. Beschleunigung des Fahrzeugs in Längsrichung errechnet wird, enthalten. Aus diesem Grund muss der Luftwiderstand auch nicht gesondert berücksichtigt werden. Anders verhält es sich dagegen bei Fahrzeugbewegungen, welche durch Wind verursacht werden. Hierbei handelt es sich um eine der Bewegung des Fahrzeugs bei Windstille überlagerte Bewegung. Da der Fahrer erst auf das durch Seitenwind ausgelöste Verhalten des Fahrzeugs reagiert ist es notwendig, die durch den Seitenwind verursachten Bewegungen des Fahrzeugs im Simulator durch das Bewegungssystem darzustellen. Andernfalls würden Fahrzeugverhalten und Fahrerverhalten in Simulator stark von der Realität abweichen, insbesondere deshalb, weil Seitenwind im Gegensatz zur Geschwindigkeit nicht optisch wahrnehmbar ist.

Um die während der Fahrt auftretenden Kräfte im Simulator exakt nachzubilden, wäre ein Bewegungsraum erforderlich, der die Größe der befahrenen Strecke aufweist. Allerdings können die bei moderater Fahrt im Straßenverkehr auftretenden Kräfte auch schon in einem Fahrsimulator mit einem Hexapod und zusätzlicher, über ein Schienensystem realisierter, Bewegung des Fahrzeugs in Längs- und Querrichtung mit guter Genauigkeit abgebildet werden. Die Darstellung von Wank- und Nickbewegungen über ein Hexapodsystem stellt kein Problem dar. Durch Fahrbahnunebenheiten verursachte Bewegungen des Fahrzeugs nach oben und unten können ebenfalls gut nachgestellt werden. Am problematischsten ist die Darstellung der Längs- und Querkräfte bei längeren Beschleunigungen und Verzögerungen, sowie bei längeren Kurvenfahrten. Diese können umso besser nachgebildet werden, je größer der translatorische Bewegungsraum des Simulators in Fahrzeuglängs- und -querrichtung ist. Am Ende dieses Bewegungsraumes können Längs- und Querkräfte zwar durch Neigung des Hexapods nachgebildet werden, jedoch muss der Übergang von der translatorischen Bewegung in den geneigten Zustand unterhalb der Wahrnehmbarkeitsgrenze des Fahrers stattfinden. Hinzu kommt, dass Querkräfte nur bis zu einer gewissen Grenze durch Neigung dargestellt werden können, da mit zunehmender Neigung auch die vom Fahrer als nach unten wirkend wahrgenommene Gewichtskraft abnimmt. Durch Motion-Cueing-Algorithmen, welche die gewünschten Beschleunigungswerte in eine Bewegung des Simulators umsetzen, wird versucht, die aus der Fahrdynamiksimulation errechneten Kräfte im Bereich des Fahrerkopfes, wo sich das Vestibularorgan befindet, möglichst genau nachzubilden. [24, 51, 75]

2.1.5 Übersicht über realisierte Fahrsimulatoren mit Bewegungssystem

Im Folgenden werden einige realisierte Fahrsimulatoren mit Bewegungssystem vorgestellt.

Der derzeit größte Fahrsimulator weltweit wird von Toyota in Japan betrieben. Weitere allgemein bekannte Fahrsimulatoren sind der von Daimler in Sindelfingen (ehemals Berlin), von Renault, am Deutschen Zentrum für Luft- und Raumfahrt (DLR) in Braunschweig und der NADS (National Advanced Driving Simulator) der Iowa State University in den USA.

An der Universität der Bundeswehr in Hamburg steht ein Fahrsimulator mit 7 Freiheitsgraden, der speziell für die Simulation von Fahrten im Gelände ausgelegt ist. Das Linearsystem kann sowohl für Längs- als auch für Querbeschleunigungen verwendet werden [27].

BMW hat in München einen Fahrsimulator auf einem Hexapod-System, welcher komplette Fahrzeuge aufnehmen kann. Dieser wurde zunächst als Bewegungsplattform mit Plasmabildschirmen zur Visualisierung ausgeführt. Später wurde auf der Plattform eine Kuppel angebracht, deren Innenwand als Projektionsfläche für die Umgebungsvisualisierung dient. Dieser Simulator wurde speziell für die realitätsgetreue Nachbildung komfortrelevanter Schwingungen ausgelegt. [33, 42]

Zum Abschluss sei noch der Fahrsimulator der Universität Leeds (Großbritannien) genannt. Dieser diente in gewisser Weise als Vorbild bei der Konzeption des Stuttgarter Fahrsimulators. Die beiden Fahrsimulatoren unterscheiden sich dadurch, dass der in Leeds einen kleineren Bewegungsraum hat als der Stuttgarter. Außerdem ist die Nutzlast des Hexapods in Leeds geringer, was dazu führt, dass keine kompletten Fahrzeuge in der Kuppel untergebracht werden können.

2.1.6 Der Stuttgarter Fahrsimulator

Im Folgenden wird der Stuttgarter Fahrsimulator des Instituts für Verbrennungsmotoren und Kraftfahrwesen (IVK) der Universität Stuttgart und des Forschungsinstituts für Kraftfahrwesen und Fahrzeugmotoren Stuttgart (FKFS) vorgestellt. Es handelt sich hierbei um eine Anlage mit acht Freiheitsgraden, siehe Bild 2.1. Der Hexapod ist auf einem Schienensystem montiert, welches einen Verfahrweg von 10 Metern in Fahrzeuglängsrichtung und 7 Metern in Fahrzeugquerrichtung ermöglicht. Die Nutzlast des Hexapods beträgt 4 Tonnen. In Tabelle 2.1 sind die maximalen Verfahrwege, Geschwindigkeiten und Beschleunigungen des Stuttgarter Fahrsimulators, jeweils bezogen auf die Freiheitsgrade (engl. Degree Of Freedom, DOF) des Bewegungssystems aufgelistet. Im oberen Teil der Tabelle stehen die Werte für das Schienensystem, darunter die für den Hexapod. Die damit erreichbare Dynamik ist ausreichend, um die im normalen Straßenverkehr auftretenden Kräfte auf den Fahrer fast vollständig abzubilden. In Bild 2.2 sind die Beschleunigungsbereiche aus im realen Straßenverkehr aufgezeichneten Daten und die des Fahrsimulators gegenübergestellt [7]. Einschränkungen bestehen bei längeren Beschleunigungs- und Verzögerungsphasen, sowie in langgezogenen schnellen Kurven, da die Beschleunigungen am Simulator durch die Endlichkeit des Bewegungsraums nur zeitlich begrenzt dargestellt werden können.

Tabelle 2.1: Maximale Verfahrwege, Geschwindigkeiten und Beschleunigungen des Stuttgarter Fahrsimulators [13]

DOF	Verfahrweg		Geschwindigkeit		Beschleunigung	
X	± 5	m	± 2	m/s	± 5	m/s^2
Y	$\pm 3,5$	m	± 3	m/s	± 5	m/s^2
x	$+0{,}538/\!-0{,}453$	m	$\pm 0,5$	m/s	± 5	m/s^2
y	$\pm 0,445$	m	$\pm 0,5$	m/s	± 5	m/s^2
z	$+0{,}387/\!-0{,}368$	m	$\pm 0,5$	m/s	± 6	m/s^2
wank	± 18	deg	± 30	deg/s	± 90	deg/s^2
nick	± 18	deg	± 30	deg/s	± 90	deg/s^2
gier	± 21	deg	± 30	deg/s	± 120	deg/s^2

Auf dem Hexapod befindet sich eine Kuppel, welche ganze Fahrzeuge aufnehmen kann. Die Größe der Kuppel ist so ausgelegt, dass auch die Einbringung größerer Limousinen und Geländefahrzeuge möglich ist. Die Kuppel hat ein abnehmbares Torelement, das es erlaubt, das Simulatorfahrzeug durch ein anderes auszutauschen.

Bild 2.1: Stuttgarter Fahrsimulator

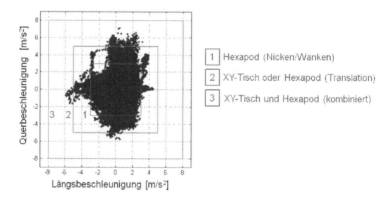

Bild 2.2: Beschleunigungsbereich von Normalfahrern und Simulatorabdeckung [7]

Die Innenwand der Kuppel bildet die Projektionsfläche. Zur Grafikanlage gehören zwölf Projektoren, von denen neun die visuelle Fahrzeugumgebung vor und neben dem Fahrzeug darstellen und je einer die Bilder für die beiden Aussen- und den Innenspiegel des Fahrzeugs darstellt.

2.2 Antriebsstrangprüfstände

Antriebsstrangprüfstände dienen der Erprobung von Fahrzeugantriebssträngen, ohne dass dafür ein reales Gesamtfahrzeug benötigt wird. In den folgenden Abschnitten werden zuerst einige Grundlagen zu Antriebsstrangprüfständen hinsichtlich Einsatzgebieten und Aufbau solcher Systeme erläutert. Im Anschluss daran wird der Antriebsstrang- und Hybridprüfstand am IVK/FKFS detailliert vorgestellt.

2.2.1 Allgemeines zu Antriebsstrangprüfständen

Mittlerweile werden komplette Antriebsstränge bis zur Serienreife am Prüfstand entwickelt [65]. Der Prüfling umfasst dabei, in Kraftflussrichtung von der Antriebs- zur Abtriebsseite betrachtet, in der Regel den Antriebsstrang beginnend mit der Kupplung und dem Schaltgetriebe und endet an den Radnaben der angetriebenen Räder. Antriebsseitig kommt entweder ein realer Verbrennungsmotor oder eine hochdynamische elektrische Antriebsmaschine, welche die Drehzahl- und Drehmomentungleichförmigkeit eines Verbrennungsmotors nachbilden kann, zum Einsatz. Bei Elektroantrieben sind mehrmotorige Antriebe realisierbar, bei denen für jedes angetriebene Rad eine eigene Antriebsmaschine vorhanden ist [72]. Auf der Abtriebsseite nehmen meist elektrische Radmaschinen die vom Antrieb aufgebrachten Drehmomente auf, welche mit den in einer Fahrdynamiksimulation errechneten Fahrwiderständen übereinstimmen. Wegen der kurzen Ansprechzeiten und der hohen Drehzahldynamik kommen hierbei überwiegend Drehstrom-Synchron-Motoren zum Einsatz [65]. Bild 2.3 zeigt verschiedene Konfigurationen am Beispiel des Antriebsstrangprüfstands am IVK/FKFS.

Das für die Bedienung des Prüfstands, die Vorbereitung von Versuchen, die Vernetzung der einzelnen Prüfstandskomponenten und die automatisierte Durchführung der Tests inklusive Erfassung und Aufbereitung der Messdaten verwendete Automatisierungssystem wird von den verschiedenen Prüfstandsherstellern zur Verfügung gestellt. Beispiele hierfür sind PUMA Open von der AVL List GmbH [5] oder PAtools von der Kratzer Automation AG.

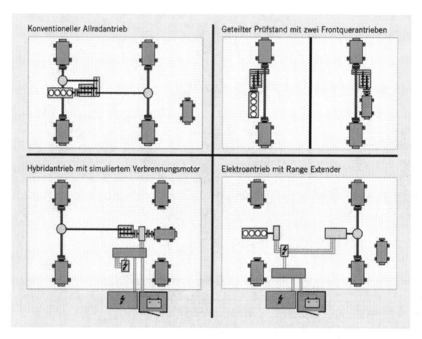

Bild 2.3: Verschiedene Konfigurationsmöglichkeiten des Antriebsstrangprüfstands am IVK/FKFS [12]

Schwerpunkt der Untersuchungen sind höchst unterschiedliche Anwendungen. So werden solche Prüfstände beispielsweise zur Beurteilung von Komforteigenschaften des Antriebsstrangs eingesetzt. Sie bieten hierbei eine interessante Alternative bzw. Ergänzung zu Rollenprüfständen und realen Fahrversuchen [60]. Durch das Fehlen anderer Schallquellen eines Fahrzeugs kann die Beurteilung von NVH-Eigenschaften (NVH: Noise Vibration Harshness) an einem Antriebsstrangprüfstand leichter durchgeführt werden als im realen Fahrzeug [54]. Ein weiteres Einsatzgebiet sind mechanische Untersuchungen zur Dauerfestigkeit von Antriebsstrangkomponenten, beispielsweise Getrieben [66], bei denen Langzeiterprobungen von der Straße auf den Prüfstand verlagert werden. In [2] wird die Erprobung einzelner Antriebsstrangkomponenten auf einem Prüfstand am Beispiel eines Zweimassenschwungrads erläutert. Ziele für den Einsatz neuer Methoden in der Entwicklung von Antriebssträngen sind die Verkürzung der Entwicklungsdauer der Fahrzeuge, die Steigerung der Variantenvielfalt und der Zuverlässigkeit, sowie die Verringerung von Erprobungsversuchen mit realen Fahrzeugprototypen [65]. Auch für Versuche zur Ermittlung der Energieflüsse im Antriebsstrang und des Kraftstoffverbrauchs werden solche Prüfstände häufig eingesetzt [25]. Sie bieten dabei nicht nur den Vorteil, dass kein komplettes Fahrzeug benötigt wird. Darüber hinaus bestehen an einem Prüfstand deutlich bessere Möglichkeiten, Messtechnik einzusetzen, welche im Fahrzeug nicht eingesetzt werden kann oder durch zusätzliches Gewicht, insbesondere bei Messungen des Energieverbrauchs, die Ergebnisse verfälscht. Ein weiterer Vorteil von Prüfständen gegenüber Fahrversuchen ist die weitgehende Reproduzierbarkeit der Umgebungsbedingungen. [59]

Für die Ermittlung des Energie- bzw. Kraftstoffverbrauchs von Fahrzeugantrieben auf Prüfständen können sowohl Lastprofile aus genormten Fahrzyklen als auch an den realen Fahrbetrieb angelehnte Lastprofile verwendet werden. Die am meisten verbreiteten Fahrzyklen sind der Neue Europäische Fahrzyklus (NEFZ), der Japanische Fahrzyklus 10-15 Mode und der Amerikanische Fahrzyklus FTP75. Bei Hybridfahrzeugen ist bei Untersuchungen des Kraftstoffverbauchs insbesondere darauf zu achten, dass die Ladezustände der Batterien vor und nach den Versuchen jeweils identisch sind. Der Einsatz genormter Fahrzyklen ist besonders dann von Vorteil, wenn unterschiedliche Antriebskonzepte oder unterschiedliche Fahrzeuge miteinander verglichen werden. Aufgrund des eingeschränkten Realitätsbezugs genormter Fahrzyklen sind sie für die Beurteilung von Fahrereinflüssen und die Einschätzung des Nutzens von passiven Fahrerassistenzsystemen nicht geeignet.

In [65] wird die Systemarchitektur von Leistungsprüfständen in fünf Funktionsebenen unterteilt, welche durch definierte Schnittstellen miteinander verbunden sind (siehe Bild 2.4). Die oberste Ebene ist die Leitebene. Diese bietet eine Hard- und Software-Plattform, durch welche Modelle, Prüfläufe und Ergebisse auf einer zentralen Datenbank basierend vernetzt werden können. Darunter befindet sich die Bedienebene, welche die zur Erstellung und Durchführung der Versuche erforderliche Bedienoberfläche bereitstellt. Unter der Bedienebene liegt die Operativebene. Dabei handelt es sich um eine echtzeitfähige Hard- und Softwareplattform zur Steuerung und Regelung des Versuchsablaufs, sowie zur Überwachung durch diverse Sicherheitsfunktionen. Zwischen der Operativebene und der Prozessebene liegt die Interfaceebene, welche über digitale und analoge Schnittstellen die Verbindung zwischen der Informationsverarbeitung auf der einen Seite und den Sensoren, Aktoren und dem Prüfling auf der anderen Seite herstellt. Letztere werden als Prozessebene zusammengefasst. [65]

2.2.2 Der Antriebsstrang- und Hybridprüfstand

Beim Antriebsstrang- und Hybridprüfstand am IVK/FKFS (Bild 2.5) handelt es sich um einen Multikonfigurationsprüfstand (MKP), auf dem sowohl konventionelle

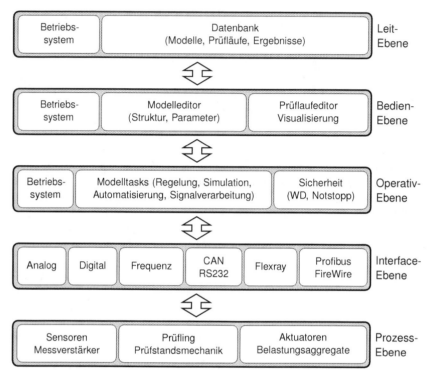

Bild 2.4: Systemarchitektur von Leistungsprüfständen [65]

Antriebsstränge als auch Hybrid- und reine Elektro-Antriebsstränge erprobt werden können. Auf der Abtriebsseite stehen vier elektrische Lastmaschinen mit einem maximalen Drehmoment von 500 *Nm* und einer maximalen Drehzahl von 3.000 *U/min* zur Verfügung. Die Nennleistung jeder Radmaschine beträgt 250 *kW*. Kurzzeitig kann das Drehmoment auf 3.500 *Nm* erhöht werden. Antriebseitig kann eine zum Prüfstand gehörende, hochdynamische elektrische Antriebsmaschine verwendet werden, welche in der Lage ist, die Drehmomentungleichförmigkeit von Verbrennungsmotoren nachzubilden. Diese Maschine hat eine Nennleistung von 300 *kW*, eine maximale Drehzahl von 8.000 *U/min* und ein maximales Drehmoment von 640 *Nm*, kurzzeitig können bis zu 1.000 *Nm* aufgebracht werden. Alternativ zu dieser Maschine kann auch der Verbrennungsmotor, bzw. bei Elektrofahrzeugen der Elektromotor aus dem Fahrzeug oder bei Hybridfahrzeugen die Kombination aus beiden zum Antreiben des Prüflings verwendet werden.

Bild 2.5: Antriebs- und Hybridprüfstand am IVK/FKFS

Mit dem Prüfstand ist die Erprobung von Antriebssträngen mit einer oder zwei angetriebenen Achsen möglich. Darüber hinaus ist die Prüfzelle durch ein Rolltor teilbar, so dass auch zwei Einachs-Antriebsstränge gleichzeitig getestet werden können, von denen einer elektrisch und der andere über einen Verbrennungsmotor angetrieben wird. Aufbautechnisch betrachtet handelt es sich dann um zwei voneinander unabhängige Prüfstände, da sowohl steuerungstechnisch als auch messtechnisch zwei eigenständige Systeme mit je einer eigenen Leitwarte vorhanden sind. Aus den verschiedenen Kombinationsmöglichkeiten ergeben sich insgesamt 20 verschiedene Prüfstandskonfigurationen, welche sich in der Antriebsart (verbrennungsmotorisch oder elektrisch), dem Einbauort des Antriebs (vor oder hinter der/den angetriebenen Achse/n), der angetriebenen Achsen (nur vorne, nur hinten, beide Achsen) und der Ausrichtung des Antriebsstrangs in der Prüfzelle (nach links oder nach rechts) voneinander unterscheiden.

Zur weiteren Ausstattung des Prüfstands gehören neben umfangreicher Messtechnik ein Bordnetzkomponentenprüfstand und hochdynamische Batteriesimulatoren für Niedervolt- (0 bis 50 V) und Hochvoltbordnetze (50 bis 500 V). Die Batteriesimulatoren können sowohl als Energiequelle als auch als Energiesenke betrieben werden. In einer Temperaturprüfkammer können Batterien und andere Komponenten des Fahrzeugbordnetzes thermisch konditioniert und auch unter hohen und niedrigen Umgebungstemperaturen getestet werden. Der einstellbare Temperaturbereich reicht von -30 bis $+60\,°C$. Dies ist besonders bei Batterien wichtig, da sich deren Verhalten in Abhängigkeit von der Temperatur signifikant ändern kann. [59]

2.3 Kopplung von Fahrsimulator und Antriebsstrangprüfstand

In [3] und [65] wird das Konzept eines in einen Antriebsstrangprüfstand integrierten Fahrsimulators vorgestellt. Hintergrund ist hier die Erlebbarkeit der verschiedenen dynamischen Antriebsstrangeigenschaften, wie zum Beispiel Rupf- und Ruckelschwingungen, in einer frühen Entwicklungsphase des Antriebsstrangs, ohne dass dafür ein komplettes Fahrzeug benötigt wird. Durch die Einbindung realer Fahrer und deren subjektives Empfinden können die dynamischen Merkmale neuer Antriebsstrangkonzepte besser und in einer früheren Entwicklungsphase beurteilt werden als durch reine Analyse von am Prüfstand aufgezeichneten Messdaten. Als Besonderheit ist hier die Simulation des Reifenschlupfes zu nennen, welche von der Porsche AG und der AVL Deutschland GmbH entwickelt und patentiert wurde [15]. Diese erlaubt es, die im Antriebsstrang entstehenden Eigenschwingungen, insbesondere im Hinblick auf Frequenz und Dämpfung, realistischer nachzubilden, als dies mit herkömmlichen Methoden möglich ist.

Bei der Kopplung von Fahrsimulator und Prüfstand handelt es sich um eine Art der Hardware-in-the-Loop-Simulation (HiL). Während der Antriebsstrang und einige weitere Komponenten des Fahrzeugbordnetzes real vorhanden sind, wird der Rest des Bordnetzes und insbesondere die Fahrdynamik simuliert. Die Einbindung realer Komponenten in einen Simulationsprozess erfordert die Echtzeitfähigkeit der Simulationsumgebung [20]. Auf der Simulatorseite ist diese Anforderung durch die Einbindung eines realen Fahrers jedoch ohnehin gegeben.

2.4 Messfahrzeuge

Neben Prüfständen werden in vielen Fällen Messfahrzeuge zur Erzeugung von Messdaten eingesetzt. Die Einsatzbereiche erstrecken sich dabei von der Erprobung einzelner Fahrzeugkomponenten in der Vorserienentwicklung über die Erprobung von Softwarefunktionen bis hin zum Test serienreifer Gesamtfahrzeuge.

Dabei werden jedoch nicht alle zu prüfenden Eigenschaften messtechnisch erfasst. Einige Kriterien wie beispielsweise die Beurteilung des Fahrgefühls, sowie haptische und akustische Wahrnehmungen im Fahrzeug, können nur durch speziell ausgebildetete Testfahrer durchgeführt werden. Für andere Anwendungen ist es dagegen wünschenswert, gerade nicht geübte Personen, sondern möglichst durchschnittliche Autofahrer in einer realistischen Fahrzeugumgebung einzusetzen.

Für die im Rahmen dieser Arbeit angewendeten Modellierungsverfahren kommen unter anderem auch Daten von Messfahrzeugen zum Einsatz. Aus diesem Grund wird an dieser Stelle auf deren Besonderheiten gegenüber reinen Prüfstandsversuchen und Simulatorfahrten hingewiesen.

2.4.1 Unterschiede zu Prüfstandsversuchen

Gegenüber der Erprobung an Prüfständen oder in einer Simulationsumgebung ergeben sich durch den Einsatz von Messfahrzeugen spezifische Vor- und Nachteile. Diese werden im Folgenden näher betrachtet.

Messfahrzeuge haben den Vorteil, dass die zu untersuchenden Fahrzeugkomponenten in ihrer tatsächlichen Fahrzeugumgebung betrieben werden können. Damit ist sichergestellt, dass die auftretenden Betriebszustände mit den Bedingungen im realen Straßenverkehr übereinstimmen. Einige Umgebungsbedingungen, wie beispielsweise extreme Witterungseinflüsse, lassen sich am Prüfstand nicht oder nur mit hohem Aufwand darstellen.

Auf der anderen Seite ergeben sich in Messfahrzeugen einige Nachteile gegenüber den Bedingungen an Prüfständen. So sind beispielsweise viele Messstellen im Fahrzeug nicht so gut zugänglich wie an einem Prüfstand. Hinzu kommt, dass bei Messfahrzeugen stets die komplette Messtechnik inklusive der Messdatenaufzeichnung im Fahrzeug mitgeführt werden muss. Insbesondere bei energetisch relevanten Untersuchungen können die Messergebnisse im Fahrzeug durch das zusätzliche Gewicht und den Energieverbrauch der Messeinrichtungen verfälscht werden. Letzterem Umstand kann zwar durch eine unabhängige Energieversorgung der Messtechnik entgegnet werden, jedoch erhöht sich dadurch das mitzuführende Zusatzgewicht weiter.

2.4.2 Einteilung

Insbesondere bei der Erprobung einzelner Fahrzeugkomponenten in der Entwicklungsphase kommen als Messfahrzeuge spezielle Versuchsträger zum Einsatz, welche mit dem endgültigen Serienfahrzeug mehr oder weniger stark übereinstimmen. Häufig handelt es sich dabei um Fahrzeuge aus einer anderen Modellbaureihe oder um Fahrzeuge des Vorgängermodells, in welche die neuen und zu erprobenden Komponenten eingebaut werden. Selbstverständlich kommen auch Vorserienfahrzeuge in Form von Prototypen als Messfahrzeuge zum Einsatz. In manchen Fällen liegt für diese Fahrzeuge noch gar keine Straßenzulassung vor, sodass diese im realen Straßenverkehr nicht oder nur mit einer Ausnahmegenehmigung als Erprobungsfahrzeug betrieben werden dürfen. Demgegenüber werden teilweise auch fertige Serienfahrzeuge als Messfahrzeuge ausgerüstet und eingesetzt.

2.4.3 Einsatzbereiche

Ein anderer wichtiger Aspekt ist der Einsatzort der Messfahrzeuge. Die Fahrten finden entweder auf abgesperrten Teststrecken oder im realen Straßenverkehr statt.

Bei Messfahrten auf Teststrecken ist eine Straßenzulassung für die Fahrzeuge nicht erforderlich, da die Fahrten auf abgesperrten privaten Grundstücken stattfinden. Das kommt insbesondere der Erprobung von Fahrzeugprototypen entgegen. Außerdem ist eine Gefährdung anderer Verkehrsteilnehmer ausgeschlossen. Dadurch können auch unausgereifte sicherheitskritische Systeme oder riskante Fahrmanöver relativ gefahrlos durchgeführt werden.

Für den Einsatz von Messfahrzeugen im realen Straßenverkehr gelten hingegen wesentlich strengere Auflagen. Da hier stets die Sicherheit unbeteiligter Verkehrsteilnehmer gewährleistet werden muss, haben die Fahrzeuge Anforderungen zu erfüllen, welche den gängigen Normen, Regelungen und dem aktuellen Stand der Technik entsprechen. Die Bedingungen für den Betrieb von solchen Fahrzeugen im öffentlichen Straßenverkehr sind u. A. in der Straßenverkehrs-Zulassungs-Ordnung (StVZO) [1] im Abschnitt B. Fahrzeuge in den §§ 19-21 StVZO geregelt.

Im Gegensatz zu speziellen Versuchsstrecken ist es im realen Straßenverkehr schwieriger, teilweise sogar unmöglich, bestimmte Fahrmanöver zu fahren oder bestimmte Verkehrssituationen gezielt und reproduzierbar darzustellen. Demgegenüber steht der Vorteil, das die Einsatzbedingungen im realen Straßenverkehr stets mit dem vorgesehenen Einsatz der Fahrzeuge im Kundenbetrieb identisch sind.

2.4.4 Messtechnik

Die in Messfahrzeugen eingesetzte Messtechnik unterscheidet sich zum Teil erheblich von jener, welche in Prüfstandsversuchen verwendet wird. Die Unterschiede ergeben sich hauptsächlich aus den veränderten Bedingungen im Fahrzeug.

Bei realen Fahrten können einige Signale aufgezeichnet werden, welche am Prüfstand nicht darstellbar sind. Dazu gehören vor allem Umwelteinflüsse, wie z. B. Anregungen des Fahrzeugs durch die Fahrbahn, welche über Schwingungs- und Beschleunigungssensoren erfasst werden. Außerdem sind Geschwindigkeiten und Positionsdaten (z. B. GPS-Signale) vorhanden.

Viele der am Prüfstand messbaren Größen, wie Drehzahlen, Drehmomente, Temperaturen, Drücke, sowie elektrische Spannungen und Ströme können auch in Messfahrzeugen erfasst werden.

Im Allgemeinen müssen im Fahrzeug Einschränkungen hingenommen werden, welche am Prüfstand in der Art nicht vorherrschen. Diese betreffen insbesondere die Zugänglichkeit mancher Messstellen, den zur Verfügung stehenden Platz für die Messtechnik, sowie deren Energieversorgung. Einige Messgrößen, beispielsweise Schadstoffkonzentrationen im Abgas von Verbrennungsmotoren, können deshalb im Fahrzeug nach derzeitigem Stand der Technik praktisch überhaupt nicht erfasst werden.

Darüber hinaus muss im Fahrzeug die gesamte Messtechnik die im Fahrbetrieb auftretenden thermischen und mechanischen Belastungen ertragen können. Dies betrifft sowohl die Lebensdauer als auch die erzielbare Genauigkeit der verwendeten Geräte. Für viele Anwendungen existieren daher spezielle hochwertige Lösungen für den Einsatz unter rauhen Umgebungsbedingungen.

In vielen Fällen werden die im Fahrzeug ohnehin vorhandenen Sensoren als Quelle für die Messdaten verwendet. Die Signale werden entweder analog oder digital direkt von den Sensoren, in den meisten Fällen aber digital vom Fahrzeugbussystem (z. B. CAN, Controller Area Network) eingelesen.

3 Kopplung von Fahrsimulator und Antriebsstrangprüfstand

In diesem Kapitel wird auf die im Rahmen dieser Arbeit neu geschaffene Kopplung von Fahrsimulator und Antriebsstrangprüfstand eingegangen. Der Schwerpunkt liegt auf den Änderungen, welche auf beiden Seiten für die Realisierung eines gekoppelten Betriebs notwendig sind. Auf die ungekoppelten Systeme wird soweit eingegangen, wie es für das Verständnis notwendig ist.

3.1 Simulationsebene

Auf der Simulationsebene sind insbesondere im Fahrdynamikmodell einige Änderungen notwendig, um die Kopplung zwischen Fahrsimulator und Antriebsstrangprüfstand umzusetzen. Diese werden im folgenden Abschnitt näher beschrieben. Wegen der besonderen Bedeutung der Reifen wird auf das Reifenmodell in einem eigenen Abschnitt eingegangen.

3.1.1 Fahrdynamikmodell

In der Fahrdynamiksimulation wird prinzipiell zwischen Längsdynamik und Querdynamik unterschieden. Unter dem Begriff Längsdynamik wird das Verhalten des des Fahrzeugs in Fahrtrichtung beschrieben. Entsprechend der Norm DIN 70000 ist dies im fahrzeugfesten Koordinatensystem die x-Achse. Im einfachen Fall kann eine Fahrdynamiksimulation aus reiner Längsdynamik bestehen. Der Begriff Querdynamik bezeichnet das Verhalten des Fahrzeugs in Seitenrichtung, welche nach DIN 70000 der nach links aus dem Fahrzeug zeigenden y-Achse entspricht. Die gegenseitigen Wechselwirkungen zwischen Längs- und Querdynamik werden im Abschnitt 3.1.2, der das Reifenmodell behandelt, erläutert.

Im reinen Fahrsimulatorbetrieb ist das Modell des Antriebsstrangs in das Fahrdynamikmodell integriert. Für die Einbindung eines realen Antriebsstrangs in die Fahrdynamiksimulation muss deshalb zunächst das Simulationsmodell des Fahrzeugantriebs aus dem Fahrdynamikmodell entfernt und die Verbindung zum Prüfstand hergestellt werden. Hierzu müssen sowohl antriebs- als auch abtriebsseitig Schnittstellen zwischen Fahrzeugsimulation und Prüfstand definiert werden.

Auf der Antriebsseite des Prüflings handelt es sich insbesondere um den Fahrpedalwinkel und, je nach installiertem Prüfling, um spezifische Steuergrößen, beispielsweise zum Starten des Motors, den Wechsel zwischen Betriebsmodi etc. Falls der Motor selbst nicht Bestandteil des Prüflings ist, sondern durch die dafür vorgesehene elektrische Eintriebsmaschine am Prüfstand dargestellt wird, so erfolgt die Simulation des Motorverhaltens am Prüfstand. Zum einen deshalb, weil der Motor prinzipiell als Teil des Antriebsstrangs zu betrachten ist und zum anderen, weil es so aus Sicht der Fahrdynamiksimulation unerheblich ist, ob am Prüfstand ein realer Fahrzeugmotor vorhanden ist oder nicht.

Auf der Abtriebsseite ist die Schnittstelle zwischen Prüfling und Fahrdynamiksimulation die Drehzahl und das Drehmoment an der Radnabe in Kraftflussrichtung vor der Bremsanlage gesehen. Die Bremsanlage selbst ist in der Regel am Prüfstand nicht vorhanden und wird daher in der Fahrdynamiksimulation simuliert. Gleiches gilt für die Simulation des Verhaltens von Reifen und Rädern, was insbesondere den Fahrbahnkontakt beinhaltet. Als Regelungsart am Prüfstand wird die α/n-Regelung gewählt, was bedeutet, dass auf der Antriebsseite die Fahrpedalposition α und auf der Abtriebsseite für die angetriebenen Räder die einzelnen Raddrehzahlen n als Sollwerte vorgegeben werden. Die an den Radnaben gemessenen Drehmomente werden als Istwerte an die Fahrdynamiksimulation zurückgesendet und mit diesen wiederum die Solldrehzahl für den nächsten Durchlauf des Regelkreises berechnet.

Der Austausch des Antriebsstrangmodells durch einen realen Antriebsstrang hat im Prinzip nur Einfluss auf die Längsdynamiksimulation, deren wesentliches Element die Fahrwiderstandsgleichung ist [14]. Durch Umformung nach der Antriebskraft $F_{Antrieb}$ folgt, dass diese stets der Summe der einzelnen Fahrwiderstände entspricht.

$$F_{Antrieb} = F_{Roll} + F_{Luft} + F_{Steig} + F_{Beschl} \qquad (3.1)$$

Mit:
F_{Roll}:   Rollwiderstandskraft
F_{Luft}:   Luftwiderstandskraft
F_{Steig}:   Steigungswiderstandskraft
F_{Beschl}:   Beschleunigungswiderstandskraft

Die Rollwiderstandskraft wird allgemein als konstant angenommen und hängt von der Fahrzeugmasse m_{Fzg}, der Erdbeschleunigung g und dem Rollwiderstandsbeiwert der Reifen x_{roll} ab:

$$F_{Roll} = x_{Roll} \cdot m_{Fzg} \cdot g \tag{3.2}$$

Die Luftwiderstandskraft ist abhängig von den Fahrzeugeigenschaften Luftwiderstandsbeiwert c_W und Stirnfläche A_x, Luftdichte ρ und dem Quadrat der Fahrzeuggeschwindigkeit v:

$$F_{Luft} = c_W \cdot A_x \cdot \rho \cdot \frac{v^2}{2} \tag{3.3}$$

Die Steigungswiderstandskraft ergibt sich aus der Berücksichtigung des Steigungswinkels β:

$$F_{Steig} = m_{Fzg} \cdot g \cdot \sin\beta \tag{3.4}$$

Die Beschleunigungswiderstandskraft ist das Produkt aus der reduzierten Fahrzeugmasse $m_{Fzg,red}$ und der Längsbeschleunigung a_x:

$$F_{Beschl} = m_{Fzg,red} \cdot a_x \tag{3.5}$$

Die reduzierte Fahrzeugmasse berücksichtigt neben der Fahrzeugmasse in Abhängigkeit von den Getriebeübersetzungen i auch die Rotationsträgheitsmomente J der rotierenden Massen im Antriebsstrang einschließlich der Reifen.

Während der Rollwiderstand und der Luftwiderstand stets entgegen der Fahrtrichtung wirken, ergeben sich für den Steigungswiderstand bei Gefällen und für den Beschleunigungswiderstand beim Verzögern jeweils negative Vorzeichen und damit eine Wirkung in Fahrtrichtung.

Die Antriebskraft ist die Summe der in Fahrtrichtung wirkenden Anteile der Reifenumfangskräfte in den Kontaktpunkten zwischen den n Reifen und der Fahrbahn:

$$F_{Antrieb} = \sum_{i=1}^{n} F_{x,i} \tag{3.6}$$

Durch Multiplikation mit dem Reifenradius r_0 ergibt sich das Reifenmoment:

$$M_R = F_x \cdot r_0 \tag{3.7}$$

Für jedes einzelne Rad sind alle an diesem wirkenden Momente stets im Gleichgewicht:

$$M_R + M_N + M_B + J_R \cdot \frac{d\omega_{Rad}}{dt} = 0 \tag{3.8}$$

Mit:

M_N: Drehmoment an der Radnabe

M_B: Bremsmoment

J_R: Reifenträgheitsmoment

ω_{Rad}:   Raddrehzahl

Das Bremsmoment ist betragsmäßig das Produkt aus dem Bremsdruck p_B, der Fläche der Bremskolben A_B und dem wirksamen Bremsenradius r_B:

$$M_B = p_B \cdot A_B \cdot r_B \tag{3.9}$$

Seine Wirkrichtung ist stets entgegen der Drehrichtung. Bei stehendem Rad ist der Betrag des Bremsmoments gerade so groß, dass es mit den anderen Momenten im Gleichgewicht steht. In dem Fall gilt:

$$p_B \cdot A_B \cdot r_B \geq M_B = M_R + M_N \tag{3.10}$$

Das Drehmoment M_N an der Radnabe resultiert für die angetriebenen Räder aus dem Drehmoment der Antriebseinheit unter Berücksichtigung aller im Kraftflusspfad liegenden Getriebeübersetzungen, Getriebe- und Lagerwirkungsgrade und Rotationsträgheitsmomente der rotierenden Teile des Antriebsstrangs. Wie weiter vorne erwähnt, handelt es sich bei dieser Größe um die Schnittstelle zwischen dem am Prüfstand real vorhandenen Antriebsstrang und der Fahrdynamiksimulation. Für nicht angetriebene Räder ist $M_N = 0$.

Alternativ zu dem beschriebenen Vorgehen ist es denkbar, dass die Bremsanlage als Teil des Prüflings mit am Antriebsstrangprüfstand vorhanden ist. In diesem Fall könnte als Schnittstelle zwischen Prüfling und Fahrdynamikmodell das Reifenmoment M_R gewählt werden. Da das Trägheitsmoment einer Radmaschine mit dem Trägheitsmoment eines Reifens nahezu übereinstimmt, wäre das Reifenmoment demnach nahezu so groß wie das Luftspaltmoment M_{El} der elektrischen Radmaschinen:

$$M_R \simeq M_{El} \tag{3.11}$$

Dies gilt sowohl bei konstanter Drehzahl als auch im instationären Zustand. Die Größe M_{El} ist selbst keine Messgröße, sondern wird aus den gemessenen elektrischen Strömen in den Umrichtern der Radmaschinen berechnet. Da die Bremsanlage systemtechnisch gesehen nicht Teil des Antriebsstrangs ist, ist diese üblicherweise nicht an einem Antriebsstrangprüfstand vorhanden. Aus dem Grund wird dieser Ansatz im Folgenden nicht weiter verfolgt.

3.1.2 Reifenmodell

Begünstigt durch die schnell steigende Rechenleistung moderner Computer sind inzwischen verschiedene Simulationsmodelle entstanden, mit denen das komplizierte Zusammenspiel zwischen Reifen und Fahrbahn immer genauer simuliert werden kann. Während bei frühen Modellen der Kontakt zwischen Reifen und Fahrbahn auf einen Punkt reduziert wird, gibt es inzwischen immer mehr Modelle, welche die gesamte Reifenaufstandsfläche unter Einbeziehung lokaler Fahrbahnunebenheiten berücksichtigen. Viele dieser Modelle sind jedoch bisher nicht echtzeitfähig. Darüber hinaus ist deren Verwendung nur dann sinnvoll, wenn genaue Daten über die Reifengeometrie und die Fahrbahnbeschaffenheit vorliegen.

Für die Simulation des Verhaltens der Reifen kommt in diesem Fall das Modell TM-Easy [69] von Prof. Rill zum Einsatz, welches in die verwendete Fahrdynamiksimulationssoftware veDYNA integriert ist. Bei diesem wird zur Vereinfachung der Kontakt zwischen Reifen und Fahrbahn auf einen einzelnen Punkt reduziert. Für den in dieser Arbeit beschriebenen Anwendungsfall sind die mit dem Modell erzielbaren Ergebnisse vollkommen ausreichend, da die Vorteile einer detaillierteren Simulation des Reifenverhaltens nahezu ausschließlich im fahrdynamischen Grenzbereich zum Tragen kommen.

Ein wichtiges Merkmal eines Reifens ist die von diesem übertragbare Kraft. In Bild 3.1 ist der Verlauf der maximal übertragbaren Längskraft F_x über dem Schlupf s_x aufgetragen. Für die Beschreibung der Kennlinie sind folgende sechs Parameter erforderlich:

- Die Steigung der Kennlinie für $s_x = 0$: dF_x^0,

- die maximal übertragbare Längskraft: F_x^M,

- der zu F_x^M gehörende Schlupf: s_x^M,

- der Schlupf beim Übergang von Haftreibung zu reiner Gleitreibung: s_x^S,

- die zu s_x^S gehörende Längskraft: F_x^S und

- die im Bild nicht dargestellte negative Steigung der Kennlinie für $s_x > s_x^S$: dF_x^S.

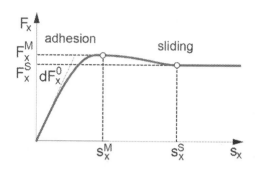

Bild 3.1: Maximal übertragbare Längskraft des Reifens in Abhängigkeit vom Schlupf [69]

Der genaue Verlauf der Kurve ergibt sich durch kubische Interpolation der genannten Punkte. Weiterhin sind die Kurvenverläufe noch von der Normalkraft F_z abhängig.

Der Verlauf der in Querrichtung übertragbaren Kräfte sieht prinzipiell gleich aus und wird analog dazu durch die Parameter dF_y^0, F_y^M, s_y^M, s_y^S, F_y^S und dF_y^S beschrieben. Darüber hinaus ist es möglich, in Längsrichtung für Beschleunigen und Verzögern unterschiedliche Kennlinienverläufe vorzugeben.

Aus dem Reifenradius im unbelasteten Zustand r_0, der dynamischen Normalkraft auf den Reifen $F_{z,dyn}$ und dem Rollwiderstandsbeiwert x_{roll} wird das Rollwiderstandsmoment

$$M_r = r_0 \cdot F_{z,dyn} \cdot x_{roll} \qquad (3.12)$$

berechnet. Der Schlupf s_x und s_y wird aus der am Prüfstand gemessenen Winkelgeschwindigkeit des Rades ω_{Rad} und der in der Fahrdynamiksimulation berechneten Längsgeschwindigkeit v_x berechnet:

$$s_x = \frac{v_x - (r_0 \cdot \omega_{Rad})}{|r_0 \cdot \omega_{Rad}| + v_{num}} \qquad (3.13)$$

$$s_y = \frac{v_y}{\sqrt{v_y^2 + (|r_0 \cdot \omega_{Rad}| + v_{num})^2}} \qquad (3.14)$$

Der im veDYNA-Modell verwendete Wert $v_{num} = 0,1 \; m/s$ dient der numerischen Stabilität und sorgt dafür, dass der Nenner der Brüche bei stehendem Fahrzeug stets größer null ist.

Auf eine detailliertere Beschreibung der weiteren Berechnungen innerhalb des Reifenmodells wird hier verzichtet und stattdessen auf die Literatur [69] verwiesen.

Tabelle 3.1: Übersicht über Bussysteme in der Mess- und Antriebstechnik [65]

Bus	Übertragungsrate	
RS232	128	kBit/s
Interbus-S	500	kBit/s
CAN HS	1	MBit/s
Ethernet	10	MBit/s
Profibus-DB	12	MBit/s
USB 1.1	12	MBit/s
Fast Ethernet	100	MBit/s
IEEE 1394	400	MBit/s
USB 2.0	480	MBit/s
Gigabit Ethernet	1	GBit/s

3.2 Technikebene

Zur Technikebene zählen die elektrischen/elektronischen und mechanischen Komponenten der Kopplung. Dies umfasst zum einen die zur Datenübertragung verwendete Hardware einschließlich der Übertragungsprotokolle. Zum anderen zählt auch der für den Koppelbetrieb spezifische Aufbau am Prüfstand dazu. Auf der Fahrsimulatorseite ergeben sich für das Fahrzeugmockup keine besonderen Unterschiede zwischen gekoppeltem und ungekoppeltem Betrieb, weshalb auf den mechanischen Aufbau am Simulator hier nicht gesondert eingegangen wird.

3.2.1 Datenübertragung zwischen Simulator und Prüfstand

Für die Datenübertragung an Fahrsimulator und Prüfstand, sowie zwischen Simulator und Prüfstand stehen verschiedene Bussysteme zur Verfügung. Tabelle 3.1 gibt einen Überblick über die gängigen Standard-Bussysteme und die damit erreichbaren Übertragungsraten. Für die Kommunikation mit dem Bordnetz des Fahrzeugs im Fahrsimulator und dem Antriebsstrang auf dem Prüfstand müssen die Botschaften gegebenenfalls an das Übertragungsprotokoll des Prüflings angepasst werden. In der Regel handelt es sich bei den zwischen Simulatorfahrzeug und Prüfling ausgetauschten Nachrichten um CAN-Botschaften.

Für die Datenübertragung zwischen Fahrsimulator und Prüfstand wurde das verbindungslose Ethernet-Übertragungsprotokoll UDP (User Datagram Protocol) mit einer Übertragungsrate von 100 $MBit/s$ ausgewählt. Dabei handelt es sich um einen in der Automatisierungstechnik üblichen Standard, der wegen seiner guten Konnektivität trotz mittlerweile höherer verfügbarer Übertragungsraten eine sehr hohe Verbreitung hat und von den Systemen am Fahrsimulator und Prüfstand unterstützt wird.

Die Länge der zu übertragenden UDP-Nachricht setzt sich aus dem IP-Header mit einer Länge von 96 *Bit*, dem UDP-Header (32 *Bit*) und den Nutzdaten zusammen. Die genaue Länge der Nutzdaten ist vom konkreten Vesuchsaufbau abhängig und beträgt in der Basiskonfiguration 320 *Bit* vom Fahrsimulator zum Prüfstand und 548 *Bit* vom Prüfstand zum Fahrsimulator. Unter der Annahme, dass die Länge der UDP-Nachrichten auch in anderen Versuchsaufbauten 1 *kBit* nicht überschreitet, liegt die Auslastung des Netzwerkes bei der verwendeten Taktrate von 1 *kHz* bei weniger als 1 % und die Zeitdauer des Sendens einer UDP-Nachricht ist kürzer als 10 μs.

Wegen der großen Entfernung und der damit erforderlichen Leitungslänge von etwa 130 Metern ist eine Übertragung des Signals über Kupferkabel nicht sicher möglich. Diese sind laut IEEE 802.3 bis zu einer Leitungslänge von lediglich 100 Metern spezifiziert. Stattdessen wird das Signal über ein Glasfaserkabel gesendet. Die Umwandlung des Signals von einem Kupferkabel auf das Glasfaserkabel und zurück erfolgt über entsprechende Medienkonverter (MK). Bild 3.2 zeigt die Verbindung zwischen dem Fahrdynamikrechner und dem Prozessführungsrechner (PFR). Die Netzwerkkarten der Rechner sind über Kupferkabel mit dem Ethernetstandard 100BASE-T mit den MKs verbunden. Zwischen den MKs befindet sich eine etwa 130 Meter lange Multimode-Glasfaserleitung der Kategorie OM4 über welche die Datenübertragung nach dem Standard 100BASE-FX erfolgt.

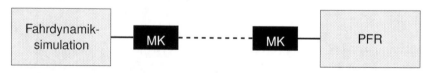

Bild 3.2: Übertragung der Daten zwischen Fahrdynamiksimulation und Prozessführungsrechner

Die Weiterleitung der UDP-Nachrichten durch die MKs erfolgt erst, wenn diese die komplette Nachricht empfangen haben. Durch die zweifache Umwandlung wird die Zeitdauer der Datenübertragung dreimal so lang wie ohne MKs und ist demnach kleiner als 30 μs. Da Sender und Empfänger direkt verbunden sind und keine weiteren Sender oder Netzknotenpunkte vorhanden sind, erfüllt die Verbindung die Anforderungen an die Echtzeitfähigkeit.

3.2.2 Mechanischer Aufbau am Prüfstand

Im folgenden Abschnitt wird die hardwareseitige Einbindung des Antriebsstrangs in die Simulationsumgebung beschrieben. Zunächst wird dabei generell auf die am Prüfstand möglichen Konfigurationen eingegangen. Anschließend wird der im Rahmen dieser Arbeit umgesetzte Aufbau erläutert.

Auf der Antriebsseite ist die genaue Gestaltung der Schnittstelle zwischen Prüfling und Simulationsumgebung stark vom Anwendungsfall und vom Prüfling abhängig. Es kann sowohl der Antriebsmotor aus dem Fahrzeug am Prüfstand installiert, als auch dieser durch eine elektrische Antriebsmaschine dargestellt werden. Fahrpedal, Kupplungspedal und die Bowdenzüge von Schaltgetrieben können durch spezielle Aktuatoren betätigt werden. Bei Drive-By-Wire-Systemen besteht die Möglichkeit, das elektrische Ausgangssignal, z. B. eines elektrischen Fahrpedals, direkt am Rechner nachzubilden. Auch Fahrzeugbatterien für das 12-V-Bordnetz oder bei Hybrid- und Elektroantrieben für das Hochvolt-Bordnetz können am Prüfstand sowohl real vorhanden sein, als auch durch Batteriesimulatoren dargestellt werden.

Abtriebsseitig ist die Verbindung zwischen Prüfling und Prüfstand immer an den Radnaben der angetriebenen Räder des Fahrzeugs. Diese werden direkt an die Radmaschinen angeflanscht. Zur besseren Regelbarkeit der Drehzahlen bzw. Drehmomente an den Rädern, insbesondere im dynamischen Betrieb, besteht die Möglichkeit, durch Anbringen von Schwungmassen an die Radmaschinen deren rotatorische Massenträgheitsmomente an die Trägheitsmomente der simulierten Räder anzupassen. Stimmen die Trägheitsmomente der Radmaschinen inkl. Schwungmassen mit denen der Räder überein, so ist das Luftspaltmoment der Radmaschine identisch mit dem Moment, welches sich aus der Umfangskraft des Reifens und dem dynamischen Reifenradius ergibt.

3.3 Regelungstechnik

Durch die Kopplung von Fahrsimulator und Antriebsstrangprüfstand wird je nach Betrachtungsweise entweder ein realer Antriebsstrang am Prüfstand in den Regelkreis des Fahrsimulators eingebunden oder der Fahrsimulator als Sollwertgeber in den Regelkreis des Antriebsstrangprüfstands. Das in beiden Fällen identische Ergebnis erfordert eine genauere Betrachtung der regelungstechnischen Zusammenhänge, welche im Folgenden für die im Koppelbetrieb verwendete α/n-Regelungsart näher beleuchtet werden.

3.3.1 Übertragungsglieder und Stabilitätskriterien des Regelkreises

Eine besondere Aufmerksamkeit muss den bei der Signalumwandlung und Signalübertragung auftretenden Verzögerungszeiten gewidmet werden. Damit sind die Zeiten gemeint, die vergehen, bis auf eine Änderung eines am Eingang eines Übertragungsglieds im Regelkreis anliegenden Signals eine Reaktion an dessen Ausgang folgt. In der Regelungstechnik werden solche Elemente als Totzeitglieder bezeichnet. Die Auswirkungen von Verzögerungsgliedern in Regelkreisen sind u. a. in [11] und [45] näher beschrieben. Weitere Verzögerungen ergeben sich aus den Eigenschaften der für die Drehzahlregelung eingesetzten PI-Regler.

Der Zusammenhang zwischen Eingang und Ausgang im Zeitbereich ist

$$y(t) = u(t - t_t) \tag{3.15}$$

Der Frequenzgang eines Totzeitglieds im Frequenzbereich lautet

$$G(j\omega) = e^{-j\omega \cdot t_t}, \tag{3.16}$$

die Übertragungsfunktion nach Laplace-Transformation in den Bildbereich ist

$$G(s) = e^{-s \cdot t_t}. \tag{3.17}$$

Die Phasenverschiebung bei sinusförmiger Anregung ist dann

$$\varphi = -\omega \cdot t_t \cdot \frac{180°}{\pi}. \tag{3.18}$$

Für die Kennkreisfrequenz

$$\omega_0 = \frac{1}{t_t} \qquad (3.19)$$

beträgt der Wert des Phasenwinkels $\varphi = -57,3°$. In Bild 3.3 ist das Bodediagramm von Totzeitgliedern mit Verzögerungszeiten von 1, 2, 5, und 10 ms dargestellt. In diesen Fällen liegen die Kennkreisfrequenzen ω_0 mit dem Phasenwinkel $\varphi = -57,3°$ bei 1.000, 500, 200 und 100 Hertz. Die Verzögerungszeiten decken die für die Signallaufzeit zwischen Simulator und Prüfstand im Koppelbetrieb vorliegende Größenordnung ab, die im niedrigen einstelligen Millisekundenbereich liegt.

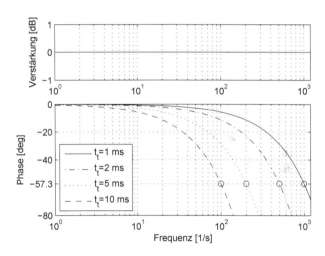

Bild 3.3: Bode-Diagramm von Totzeitgliedern mit verschiedenen Verzögerungszeiten t_t

Zur Gewährleistung der Stabilität des Regelkreises und eines möglichst guten dynamischen Verhaltens werden die Verzögerungszeiten soweit wie möglich minimiert, was durch die in Kapitel 3.2.1 beschriebene Verbindung zur Datenübertragung realisiert ist. Im geschlossenen Regelkreis wird diese Strecke zweimal zurückgelegt. Durch die Verwendung des Glasfaserkabels, in dem die Signale mit Lichtgeschwindigkeit übertragen werden, spielt die Entfernung an sich praktisch keine Rolle. Die Verzögerungen entstehen hauptsächlich durch die Hardware während der Signalumwandlung und durch die diskreten Zeitschrittweiten der beteiligten Rechner.

Die Darstellung der einzelnen Verbindungselemente als Verzögerungsglieder bildet nur einen Teil des Regelkreises ab. Ebenso könnten alle anderen beteiligten Hard-

und Softwarelemente im Regelkreis als Glied mit Übertragungsfunktion dargestellt werden. Es handelt sich hier um eine zusammengesetzte Regelstrecke. In den meisten Fällen können für die einzelnen Elemente Übertragungsglieder mit P-, PT_1-oder PT_2-Verhalten verwendet werden. Die zugehörigen Übertragungsfunktionen im Bildbereich lauten für ein P-Glied

$$G(s) = K_P, \qquad (3.20)$$

für ein PT_1-Glied mit der Zeitkonstante T

$$G(s) = K_P \cdot \frac{1}{1 + sT} \qquad (3.21)$$

und für ein PT_2-Glied

$$G(s) = K_P \cdot \frac{1}{1 + s2dT + s^2T^2}. \qquad (3.22)$$

Für in Reihe geschaltete Übertragungsglieder kann die gesamte Übertragungsfunktion durch Multiplikation der einzelnen Übertragungsfunktionen berechnet werden. In einigen Fällen wird zur Vereinfachung die gesamte Regelstrecke zu einem PT_1-oder PT_2-Glied zusammengefasst. Inwieweit eine solche Vereinfachung zulässig ist, hängt von der Regelstrecke selbst, den Anregungen sowie von eventuellen äußeren Einflüssen (z. B. Störgrößen) ab.

Als Regler für die Drehzahlregelung kommt in diesem Fall ein PI-Regler zum Einsatz, dessen Ausgangsgröße y das Stellmoment des Umrichters der Radmaschine ist. Die Übertragungsfunktion lautet

$$G(s) = K_P + \frac{K_I}{s}. \qquad (3.23)$$

Unter Berücksichtigung der gegebenen Bedingungen müssen die verwendeten Regler so ausgelegt werden, dass die ebenfalls in [45] beschriebenen vier Gruppen von Güteforderungen erfüllt werden:

• Stabilitätsforderung:
  Der Regelkreis reagiert auf endliche Erregungen mit einem endlichen Ausgangssignal. Bei Wegfall der Erregung geht der Regelkreises in seinen Ausgangszustand zurück.

- Forderung nach Störkompensation und Sollwertfolge:
  Die Regelgröße folgt der Führungsgröße für gegebene Störgrößen- und Sollwertverläufe asymptotisch. Für die Beurteilung wird meist die Reaktion des Regelkreises auf sinusförmige oder sprungförmige Anregungen betrachtet.

- Dynamikforderung:
  Die Zeit bis zum Erreichen des Sollwertes sowie die Überschwingweite und die bleibende Regelabweichung erfüllen vorgegebene Güteforderungen.

- Robustheitsforderung:
  Die drei vorgenannten Forderungen werden trotz Abweichungen des Regelstreckenmodells von den tatsächlichen Gegebenheiten (Modellunsicherheiten) erfüllt.

Für eine analytische Untersuchung müssten für den kompletten Regelkreis, einschließlich des Antriebsstrangs, die Übertragungsfunktionen der einzelnen Elemente ermittelt werden. Anschließend könnte die Beurteilung der Stabilität im Frequenzbereich mit Hilfe des Bode-Diagramms des offenen Regelkreises oder mit der Ortskurve nach dem Nyquist-Kriterium durchgeführt werden. Hierfür muss zunächst der Frequenzgang $G_0(j\omega)$ des offenen Regelkreises bestimmt werden. Dieser setzt sich aus dem Frequenzgang des Reglers $G_R(j\omega)$ und dem der Regelstrecke $G_S(j\omega)$ zusammen:

$$G_0(j\omega) = G_R(j\omega) \cdot G_S(j\omega). \tag{3.24}$$

Die Messwerterfassung wird dabei der Regelstrecke zugeordnet, weshalb diese hier als erweiterte Regelstrecke bezeichnet wird. In Worten ausgedrückt ist ein Regelkreis im Frequenzbereich stabil, wenn die Gesamtverstärkung bei einer Phasenverschiebung von 180° nicht größer als eins wird. [11]

Auf eine tiefergehende Analyse des Regelkreises und die detaillierte Beschreibung des Vorgehens bei der Reglerabstimmung wird verzichtet, da dieses letztendlich stark von den Eigenschaften (Übersetzungen, Trägheitsmomente, Steifigkeiten, Dämpfungen, ...) eines installierten Antriebsstrangs und den für die durchzuführenden Untersuchungen erforderlichen Eigenschaften abhängt. Im Rahmen dieser Arbeit wurde der Koppelbetrieb mit einem einfachen Antriebsstrang realisiert. Für diesen aus elektrischem Antrieb, Kardanwelle, Achsgetriebe und zwei Wellen zu den Radnaben bestehenden Prüfling waren die Anforderungen bereits ohne besondere Anpassungen erfüllt. Es ist daher unklar, ob mit den kurzen realisierten Übertragungszeiten auch für andere Antriebsstränge überhaupt besondere Maßnahmen zur Erfüllung der Güteforderungen zu treffen sind, oder ob das System diese bereits von sich aus erfüllt. Die verschiedenen im Bedarfsfall anzuwendenden Verfahren sind u. a. in [11], [39], [45], [73] und [74] beschrieben.

Im Folgenden werden die für den Koppelbetrieb von Antriebsstrangprüfstand und Fahrsimulator bedeutenden Regelkreise vorgestellt. Der Schwerpunkt liegt darauf, die Unterschiede zwischen dem gekoppelten und dem ungekoppelten Betrieb aufzuzeigen.

3.3.2 Drehzahlregelung der angetriebenen Räder

Der Signalfluss des geschlossenen Regelkreises zwischen Fahrsimulator und Prüfstand für die Regelung der Drehzahlen an den Radmaschinen ist in Bild 3.4 gezeigt. Die Darstellung der Signalflüsse zwischen den einzelnen Komponenten wurde dabei für eine bessere Übersichtlichkeit auf die für die Drehzahlregelung notwendigen reduziert.

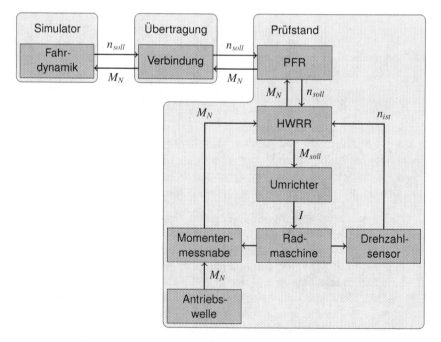

Bild 3.4: Regelkreis der Drehzahlregelung für ein angetriebenes Rad

Der zeitliche Ablauf der Signalübertragung und -verarbeitung ist für ein einzelnes Rad in Bild 3.5 und Bild 3.6 dargestellt. Da das Drehmomentsignal mit einer

Frequenz von 800 Hz erfasst wird und die Fahrdynamiksimulation und der Prozessführungsrechner (PFR) mit einer Frequenz von 1.000 Hz rechnen, müssen zwei Fälle unterschieden werden. Im idealen Fall (Bild 3.5) steht der Messwert der Drehmomentmessnabe am Hardware-Regelrechner (HWRR) innerhalb von 500 μs nach der Ansteuerung des Umrichters zur Verfügung. Da der HWRR mit einer Frequenz von 4.000 Hz rechnet, empfängt der Fahrdynamikrechener bereits nach drei Millisekunden eine Rückmeldung über das aus der gesendeten Drehzahlanforderung resultierende Radnabenmoment. Im nicht idealen Fall (Bild 3.6) steht der Drehmomentmesswert erst später zur Verfügung, sodass er einen Rechenschritt des PFR später an die Fahrdynamiksimulation gesendet wird. Aus dem Verhältnis der Taktraten der Fahrdynamiksimulation und der Drehmomenterfassung ergibt sich, dass auf einen idealen Fall stets vier nicht ideale Fälle folgen. Der genaue Zeitpunkt der Drehmomenterfassung variiert dabei zwischen den in Bild 3.5 und Bild 3.6 dargestellten Extremfällen. Beim Wechsel vom idealen in den nicht idealen Fall empfängt die Fahrdynamiksimulation in zwei aufeinanderfolgenden Simulationsschritten den selben Drehmomentmesswert.

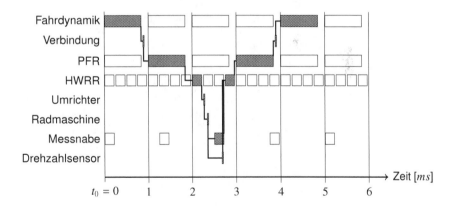

Bild 3.5: Zeitablaufdiagramm der Signalflüsse im idealen Fall

Bei einer von der Fahrdynamiksimulation ausgehenden Betrachtungsweise wird von dieser der Sollwert für die Raddrehzahl n_{soll} über die Verbindungsstrecke und den PFR unverändert an den HWRR weitergeleitet. Dort wird durch einen PI-Regler anhand der Differenz zwischen der Solldrehzahl n_{soll} und der an der Radmaschine gemessenen Istdrehzahl n_{ist} ein Sollmoment M_{soll} ermittelt, welches als Sollwertvorgabe für das Stellmoment an den Umrichter weitergeleitet wird. Es handelt sich bei diesem Wert um das Luftspaltmoment M_{El} der Radmaschine. Aus

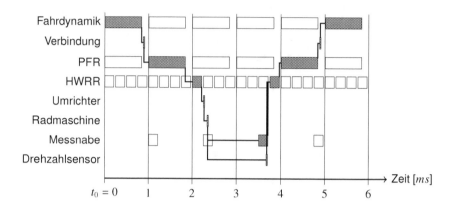

Bild 3.6: Zeitablaufdiagramm der Signalflüsse im nicht idealen Fall

diesem Sollmoment wird am Umrichter der Strom I ermittelt und eingestellt, mit dem die Radmaschine beaufschlagt werden muss, damit sich im Luftspalt M_{soll} einstellt. Zwischen der Welle der Radmaschine und der Antriebswelle befindet sich eine Drehmomentmessnabe. Das von dieser gemessene Moment entspricht dem Radnabenmoment M_N. Das Signal wird an den HWRR weitergeleitet, von welchem aus der Wert über den PFR und die Verbindungsstrecke zurück an die Fahrdynamiksimulation übertragen wird. Anhand des gemessenen Istmomentes und weiterer, in der Abbildung nicht dargestellter, Größen wird im Fahrdynamikmodell eine neue Solldrehzahl für den nächsten Durchlauf des Regelkreises errechnet.

Bei diesem Regelkreis muss auf die Stabilität geachtet werden, um ein Aufschwingen des Systems zu verhindern. Im ungekoppelten Betrieb wird der Regelkreis auf der Prüfstandsseite je nach Versuchsaufbau entweder am HWRR oder am PFR geschlossen. Durch die Kopplung mit dem Fahrsimulator erhöht sich die Signallaufzeit im Regelkreis um die Zeit, welche die Datenübertragung vom HWRR bzw. PFR zur Fahrdynamik und zurück benötigt, sowie die Zeitschrittweite des Fahrdynamik-Modells von 1 ms.

Im Folgenden wird der Fall betrachtet, dass der Regelkreis im ungekoppelten Betrieb am PFR geschlossen wird, d. h. dass der Istzustand am Prüfling einen Einfluss auf die Ermittlung von n_{Soll} hat. Für die gesamte Signallaufzeit im Regelkreis $t_{RK,ges}$ gilt dann:

$$t_{RK,ges} = t_{RK,Pst}. \tag{3.25}$$

Die Größe $t_{RK,Pst}$ ist die Signallaufzeit des geschlossenen Regelkreises im ungekoppelten Prüfstandsbetrieb. Für den gekoppelten Betrieb kommt zu diesem Wert noch die zweifache Übertragungszeit der Verbindungsstrecke zwischen Simulator und Prüfstand t_{Ueb}, sowie die Berechnungsdauer der Fahrdynamiksimulation t_{FaDy} hinzu. Die gesamte Signallaufzeit im geschlossenen Regelkreis ist dann

$$t_{RK,ges} = t_{RK,Pst} + 2 \cdot t_{Ueb} + t_{FaDy}. \qquad (3.26)$$

Neben den Signallaufzeiten in den Regelkreisen sind die Abtastfrequenzen f_{Tast} der Signale zu beachten. Das Systemverhalten wird hauptsächlich durch die niedrigste aller Abtastfrequenzen im Regelkreis bestimmt. Im vorliegenden Fall ist dies die Abtastfrequenz der Drehmomentmessnabe $f_{Tast,M}$ mit einem Wert von 800 Hz.

Die Grenzfrequenz f_{Grenz} des Signals kann mit dem Shannonschen Abtasttheorem ermittelt werden [73]:

$$f_{Tast} > 2 \cdot f_{Grenz} \Rightarrow f_{Grenz} < \frac{f_{Tast}}{2} \qquad (3.27)$$

Sie stellt die höchste Frequenz der Schwingungen dar, welche bei gegebener Abtastfrequenz noch erfasst werden kann. Für den vorliegenden Fall bedeutet dies, dass Frequenzen bis 400 Hz erfasst und an den Fahrsimulator weitergeleitet werden können. Da durch das Bewegungssystem des Fahrsimulators nur Schwingungen bis 10 Hz darstellbar sind, ist diese Frequenz vollkommen ausreichend.

Neben den Abtastfrequenzen und Signallaufzeiten haben die Schwingungseigenschaften des Antriebsstrangs einen Einfluss auf die Stabilität des Regelkreises. Diese ergeben sich aus den Steifigkeiten und Dämpfungseigenschaften der einzelnen Antriebsstrangkomponenten. In Getrieben und Lagern kann zudem noch Spiel auftreten, das ebenfalls Einfluss auf die Stabilität des Regelkreises hat. Im Betrieb muss unbedingt vermieden werden, dass durch die Drehzahlregelung an den Radmaschinen Eigenfrequenzen des Prüflings angeregt werden. Dies könnte zu Geräuschentwicklungen und im schlimmsten Fall sogar zur Schädigung des Prüflings führen.

Um die Stabilität des Regelkreises zu gewährleisten, stehen verschiedene Maßnahmen zur Verfügung. Wegen der zunächst nicht exakt bekannten Eigenschaften des Prüflings ist eine endgültige Festlegung der anzuwendenden Maßnahmen häufig erst nach Fertigstellung des Aufbaus am Prüfstand möglich. Als erstes werden die Regelparameter K_P und K_I des PI-Reglers zur Drehzahlregelung an den Radmaschinen angepasst. Falls damit keine ausreichende Stabilität erzielt werden kann, ist es erforderlich, höherfrequente Schwingungsanteile, beispielsweise durch die

Verwendung von Tiefpass-Filtern, entweder aus den gemessenen oder den Sollwerten zu entfernen. Da sich durch den Einsatz von Filtern immer eine zusätzliche Verzögerung des Signals ergibt, werden diese nur bei gegebenem Bedarf verwendet.

Wegen der Komplexität eines realen Antriebsstrangs ist die Verwendung eines Einstellverfahrens anzustreben, für das kein genaues Modell des Regelkreises benötigt wird. So kann ausgehend von dem bereits vorhandenen Regelkreis am Prüfstand im ungekoppelten Betrieb die Reglerabstimmung mit einem experimentellen Verfahren direkt mit dem realen Antriebsstrang durchgeführt werden.

Zwei Möglichkeiten zur Ermittlung geeigneter Reglerparameter sind die Einstellregeln nach Ziegler und Nichols, bei denen die Bestimmung des Reglers entweder an der Stabilitätsgrenze oder aus der Sprungantwort durchgeführt wird. Die Einstellung an der Stabilitätsgrenze ist nur bei Prozessen möglich, die zumindest kurzzeitig im instabilen Bereich betrieben werden können. Hierfür wird zunächst der Verstärkungsfaktor eines reinen P-Reglers soweit erhöht, bis das System dauerhaft schwingt. Diese Einstellung entspricht der kritischen Verstärkung K_{krit}. Die zugehörige Schwingungsdauer T_{krit} kann aus den Schwingungen der Regelgröße ermittelt werden. Als Einstellregeln für einen PI-Regler gelten für den Verstärkungsfaktor

$$K_P = 0{,}45 \cdot K_{krit}$$

und für die Nachstellzeit

$$T_n = 0{,}85 \cdot T_{krit}.$$

Der Integralfaktor K_I kann durch Auflösen der Gleichung für die Nachstellzeit

$$T_n = \frac{K_P}{K_I} \tag{3.28}$$

ermittelt werden. Alternativ ist die Reglerbestimmung mittels Sprungantwort möglich. Dabei werden mit dem Wendetangentenverfahren die Verzugszeit T_u, die Ausgleichszeit T_g und der Übertragungsbeiwert der Strecke K_S ermittelt. Die entsprechenden Einstellvorschriften für einen PI-Regler lauten nach [11]

$$K_P = 0{,}8 \cdot \frac{T_g}{K_S \cdot T_u}$$

und

$$T_n = 3 \cdot T_u.$$

Dass es sich bei den genannten Einstellvorschriften um Faustformeln handelt, wird auch daran deutlich, dass diese in der Literatur nicht einheitlich gehandhabt werden.

So lauten beispielsweise in [74] die mit dem Wendetangentenverfahren ermittelten Einstellregeln für einen PI-Regler

$$K_P = 0,9 \cdot \frac{T_g}{K_S \cdot T_u}$$

und

$$T_n = 3,33 \cdot T_u.$$

3.3.3 Regelkreis für die Fahrpedalposition

Bild 3.7 zeigt den Signalfluss des geschlossenen Regelkreises zwischen Simulator und Prüfstand für die Fahrpedalposition. Auch hier wurde die Darstellung für eine bessere Übersichtlichkeit auf die notwendigen Signale reduziert. Im Gegensatz zu der im vorherigen Abschnitt beschriebenen Drehzahlregelung kommen hier auf der Fahrsimulatorseite noch der Fahrer und das Fahrzeug-Mockup als zusätzliche Komponenten des Regelkreises hinzu.

Bei einer vom Fahrer ausgehenden Betrachtungsweise gibt dieser einen Fahrpedalwert α vor. Der Fahrer ist damit der eigentliche Regler im Regelkreis. Damit erübrigt sich die Notwendigkeit einer Anpassung des Reglers. In der Regel wird der Betrag von α von der Differenz zwischen der Wunschgeschwindigkeit des Fahrers und der tatsächlichen Fahrzeuggeschwindigkeit v abhängen. Die Fahrpedalposition wird zunächst über das Fahrzeug-Mockup an das Fahrdynamikmodell übermittelt. Von dort wird der Wert über die Verbindungsstrecke und den Prozessführungsrechner bis zum Antriebsmotor bzw. dessen Steuerung übertragen. Je nach der Konfiguration des Fahrzeugsimulationsmodells und dem installierten Antrieb wird die Fahrpedalposition ggf. noch durch ein Assistenzsystem oder die Motorsteuerung modifiziert.

In diesem Beispiel handelt es sich beim Antriebsmotor um einen realen Fahrzeugantrieb und nicht um die elektrische Antriebsmaschine des Prüfstands. An der Welle der Antriebsmaschine stellt sich ein u. a. noch von der Motordrehzahl n_{Mot} abhängiges Motormoment M_{Mot} ein. Unter Einfluss der Getriebeübersetzung i, der Trägheitsmomente J der rotierenden Teile des Antriebsstrangs, sowie der Reibungsverluste ergeben sich die Drehmomente am Getriebeausgang M_{Getr} und an den Radnaben M_N, sowie die Drehzahlen an den Radnaben n_{Rad} und am Getriebeausgang n_{Getr}. Die an der Radmaschine gemessene Drehzahl wird über die Strecke HWRR, PFR und Verbindung an die Fahrdynamiksimulation übertragen. Dort wird unter Einbeziehung weiterer, in der Abbildung nicht dargestellter Größen,

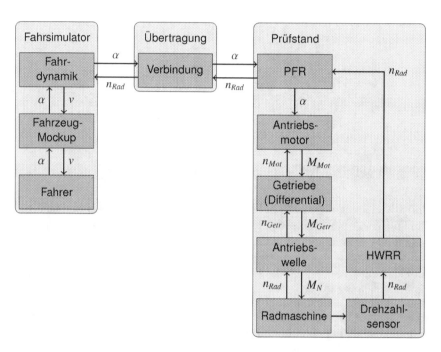

Bild 3.7: Regelkreis auf der Antriebsseite des Prüfstands

die Fahrzeuggeschwindigkeit errechnet und dem Fahrer über das Kombiinstrument im Fahrzeug angezeigt und über die Umgebungssimulation im Fahrsimulator vermittelt.

An dieser Stelle kann eine Betrachtung der Signallaufzeiten, wie im vorherigen Abschnitt für die Drehzahlregelung beschrieben, auch für den Regelkreis des Fahrpedals durchgeführt werden. Die Reaktionszeiten, mit denen ein Fahrer im Simulatorfahrzeug das Fahrpedal betätigt, sind jedoch so lang gegenüber den Laufzeiten der Signale im Regelkreis, dass die zusätzliche Signallaufzeit durch die Einbindung des Fahrsimulators in den Prüfstandsbetrieb keinen signifikanten Einfluss gegenüber dem ungekoppelten Betrieb hat. Hinzu kommt, dass sich die Geschwindigkeit des Fahrzeugs nicht sprunghaft und nicht mit hohen Frequenzen ändert. Aus diesen Gründen sind für den Koppelbetrieb keine besonderen Maßnahmen zur Verbesserung der Stabilität notwendig.

3.3.4 Sonstige regelungstechnische Zusammenhänge

Neben den bisher beschriebenen elementaren und für alle Anwendungsfälle gleichermaßen gültigen regelungstechnischen Zusammenhängen gibt es noch weitere, welche für die Kopplung von Fahrsimulator und Antriebsstrangprüfstand eine untergeordnete Rolle spielen.

Um den Fahrer im Simulator über aktuelle Zustände des Fahrzeugs zu informieren, müssen weitere, bisher nicht genannte Größen, vom Prüfstand an den Simulator übertragen werden. Hierzu zählen zum Beispiel die Motordrehzahl, die Kühlmitteltemperatur, aktuelle Verbrauchswerte, die Anzeige des Regeleingriffs durch Assistenzsysteme wie ESP im Kombiinstrument, etc.

Auch in Richtung vom Simulator zum Prüfstand sind gegebenenfalls weitere Signale zu übertragen. Die wichtigste Größe in diesem Zusammenhang ist die aktuelle Schalthebelposition. Einige Fahrzeugantriebe bieten weitere Eingriffsmöglichkeiten durch den Fahrer. Beispiele hierfür sind die Abschaltung oder Aktivierung bestimmter Assistenzsysteme oder die Wahl einer besonders sportlichen oder ökonomischen Motor- und Getriebeabstimmung.

Für alle genannten Beispiele sind bereits entsprechende Schnittstellen in der Datenübertragung vorgesehen. Weitere können bei Bedarf nachträglich hinzugefügt werden.

3.4 Durchführung von Fahrten im Koppelbetrieb

Die in den vorherigen Abschnitten beschriebene Verbindung zwischen Fahrsimulator und Antriebsstrangprüfstand wurde in der im Folgenden vorgestellten Beispielkonfiguration in Betrieb genommen. Bei dem am Prüfstand montierten und in Kapitel 6.1 zur Modellierung verwendeten Antriebsstrang handelt es sich um die Hinterachse eines allradgetriebenen Fahrzeugs. Der Prüfling besteht aus der Kardanwelle, einem nicht gesperrten Differentialgetriebe mit konstanter Übersetzung und den Wellen zwischen Differentialgetriebe und Radnaben. Angetrieben wird der Prüfling durch die elektrische Antriebsmaschine des Prüfstands (siehe Kapitel 2.2.2). Die gegebene Antriebskonfiguration (siehe Bild 3.8) ist vergleichbar mit einem an der Hinterachse angetriebenen Elektrofahrzeug.

In Bild 3.9 ist der Geschwindigkeitsverlauf einer der im Koppelbetrieb zwischen Fahrsimulator und Antriebsstrangprüfstand durchgeführten Fahrten über der Strecke

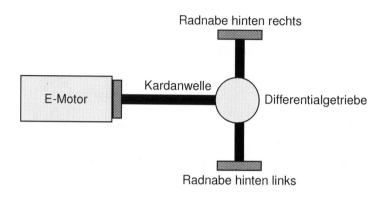

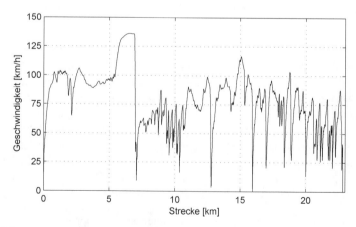

Bild 3.8: Konfiguration des Antriebsstrangs am Prüfstand

dargestellt. Die etwa 23 Kilometer lange Fahrt beginnt in der rein fiktiven, virtuellen Simulationsumgebung auf einer Landstraße und endet innerhalb einer Ortschaft. Ein Ziel der durchgeführten Fahrten ist es, gegebenenfalls vorhandene Schwachstellen der Funktionsfähigkeit des Koppelbetriebs zu erkennen. Deshalb werden bewusst viele Lastwechsel und Geschwindigkeitsänderungen gefahren.

Bild 3.9: Geschwindigkeitsverlauf einer Fahrt im Koppelbetrieb

Im Anschluss an die durchgeführten Fahrten werden die aufgezeichneten Daten ausgewertet. Das Hauptaugenmerk liegt auf den Abweichungen zwischen Soll- und Istwerten in den Regelkreisen und deren Stabilität. Bild 3.10 zeigt für einen Zeitraum von 10 Sekunden sie Soll- und Istdrehzahl am Beispiel des linken Hinterrads. Es ist ersichtlich, dass die am Prüfstand gemessene Raddrehzahl der vom Fahrsimulator vorgegebenen Solldrehzahl mit hoher Übereinstimmung folgt. Die Istwerte der aufgezeichneten Raddrehzahlen sind mit Schwingungen überlagert, die jedoch hinsichtlich Frequenz und Amplitude unkritisch sind.

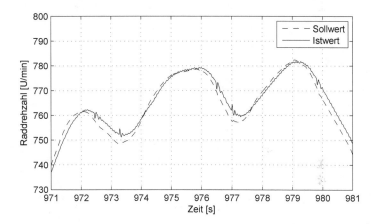

Bild 3.10: Soll-Istwert-Vergleich der Raddrehzahl am linken Hinterrad

Bild 3.11 zeigt den Zusammenhang zwischen dem im Simulator durch den Probanden vorgegebenen Lenkwinkel und der Differenzdrehzahl der Hinterräder am Prüfstand. Der klar erkennbare Zusammenhang zwischen Lenkwinkel und Differenzdrehzahl resultiert daraus, dass das jeweils kurvenäußere Rad einen weiteren Weg zurücklegt als das kurveninnere und sich deshalb mit einer höheren Drehzahl dreht. Das Bild zeigt, dass dieser Zusammenhang im Koppelbetrieb realistisch nachgebildet wird.

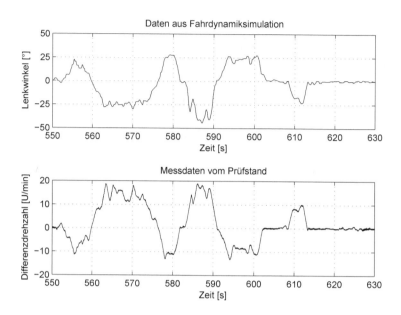

Bild 3.11: Lenkwinkel und Differenzdrehzahl der Hinterräder

3.5 Weitere Anwendungsmöglichkeiten der Kopplung

Neben der Erzeugung von Messdaten zur Modellerstellung gibt es weitere Anwendungsmöglichkeiten für den gekoppelten Betrieb von Fahrsimulator und Prüfstand. In den folgenden Abschnitten werden diese anhand einiger Beispiele dargestellt. Es handelt sich dabei zuerst um Untersuchungen in Bezug auf die funktionale Sicherheit elektrischer Fahrzeugantriebe. Anschließend werden Möglichkeiten für die Anwendungen bei der Betrachtung energetisch relevanter Fragestellungen vorgestellt. Zum Abschluss wird noch eine Anwendung zur Darstellung von Antriebsstrangschwingungen im Fahrsimulator vorgestellt. Damit kann eine Beurteilung des Antriebs hinsichtlich akustischer und haptischer Wahrnehmung durch den Fahrer im Simulator ermöglicht und Applikationsaufgaben von der Teststrecke auf den Prüfstand bzw. in den Simulator verlegt werden.

3.5.1 Untersuchungen zur funktionalen Sicherheit elektrischer Antriebsstränge

Bei Untersuchungen im Koppelbetrieb von Fahrsimulator und Antriebsstrangprüf-stand zum Thema funktionale Sicherheit elektrisch angetriebener Fahrzeuge steht die Beherrschbarkeit der Fahrzeuge im Fehlerfall im Fokus. Durch den antriebs-seitigen Wegfall des Verbrennungsmotors und die Möglichkeit des elektrischen rekuperativen Bremsens ergeben sich tiefgreifende Veränderungen gegenüber kon-ventionellen Antrieben. So muss beispielsweise die sonst vom Verbrennungsmotor angetriebene Vakuumpumpe des Bremskraftverstärkers entweder elektrisch ange-trieben oder durch ein vakuumunabhängiges System ersetzt werden [21].

Die inzwischen wichtigste Richtlinie zum Thema funktionale Sicherheit von sicher-heitsrelevanten elektrischen und elektronischen Komponenten im Kraftfahrzeug bildet die Norm ISO 26262. Sie ist eine Ableitung der allgemeiner gehaltenen Norm IEC 61508 und ist speziell auf Fahrzeuge mit einem zulässigen Gesamtgewicht bis 3,5 Tonnen ausgerichtet. In der Norm wird gefordert, dass ein Fahrzeug auch im Fehlerfall zu jedem Zeitpunkt für den Fahrer beherrschbar bleibt. In [23] wird das Vorgehen bei der Entwicklung von Elektrofahrzeugen unter Anwendung der Norm ISO 26262 am Beispiel von BMW gezeigt.

Eine Aussage darüber, ob ein Fahrzeug beherrschbar ist, hängt in weiten Bereichen vom jeweiligen Fahrer ab. In [67] wird eine Probandenstudie zur Beherrschbarkeit von Gierstörungen während Bremsmanövern und hohen Schwimmwinkeln im Aus-weichtest vorgestellt. Die beschriebenen Versuche werden auf einer abgesperrten Teststrecke durchgeführt. Als objektive Beurteilungsgrößen dienen die Abweichung der Giergeschwindigkeit eine Sekunde nach Bremsbeginn und der Schwimmwinkel.

3.5.2 Untersuchungen zum Energieverbrauch im kundenrelevanten Fahrbetrieb

Für die Ermittlung des Kraftstoffverbrauchs konventionell angetriebener Fahrzeuge haben sich in der Vergangenheit auf standardisierten und genormten Fahrzyklen basierende Verfahren etabliert. In Europa wird der Kraftstoffverbrauch gemäß ECE-Regel 101 auf Basis des NEFZ ermittelt. Diese beschreibt Verfahren zur Verbrauchsermittlung für verbrennungsmotorisch, rein elektrisch und mit einem Elektro-Hybrid angetriebene Fahrzeuge. Nutzerspezifische Einflussparameter, wie der individuelle Fahrstil und das persönliche Streckenprofil der einzelnen Fahrer, werden in diesen nicht berücksichtigt. Deshalb stimmen die ermittelten Verbrauchs-werte mit dem tatsächlich im Straßenverkehr erzielten Verbrauch nur begrenzt überein. Sie bieten jedoch eine gute Möglichkeit, um unterschiedliche Fahrzeuge unter sonst gleichen Bedingungen hinsichtlich des Kraftstoffverbrauchs zu verglei-chen.

Schwierigkeiten ergeben sich bei der Ermittlung des Verbrauchs von Hybridfahrzeu-gen. Um diese mit konventionellen Antrieben vergleichen zu können wird gefordert, dass der Ladezustand der Batterie vor und nach dem Durchfahren des Zyklus iden-tisch ist. Bei Plug-In Hybriden und reinen Elektrofahrzeugen ist diese Forderung hinfällig. In diesem Fall müsste noch die Energiemenge ermittelt werden, welche nötig ist, um die Batterie wieder auf das ursprüngliche Niveau aufzuladen. Im Folgenden soll es nicht nur um den Vergleich verschiedener Fahrzeuge gehen, sondern auch die fahrerspezifischen Einflüsse im kundenrelevanten Fahrbetrieb beücksichtigt werden. Hierzu ist es erforderlich, reale Fahrer in die Untersuchungen einzubinden und diese auf einem realitätsbezogenen Streckenprofil fahren zu lassen.

Gegenüber realen Messfahrten oder Simulatorstudien mit simuliertem Fahrer und/-oder Antriebsstrang bietet der Koppelbetrieb von Fahrsimulator und Prüfstand einige Vorteile. Wesentliche, den Energieverbrauch bestimmende Einflussfaktoren, insbesondere Fahrer und Antrieb, sind real vorhanden, während die Einflüsse von Störgrößen durch die Möglichkeit der Schaffung identischer Randbedingungen weitestgehend ausgeschaltet werden. Inzwischen gibt es Fahrermodelle, welche das Fahrerverhalten in Standard-Verkehrssituationen verhältnismäßig gut abbilden. Diese sind allerdings weniger geeignet, wenn es darum geht, die Akzeptanz und den Nutzen neuartiger Fahrerassistenzsysteme zu untersuchen, über die es noch nicht hinreichend viele Untersuchungen gibt und welche aus diesem Grund in den Fahrermodellierungen nicht berücksichtigt werden.

Ein weiterer Aspekt, der für den Einsatz eines Fahrsimulators zu Untersuchungen des Energieverbrauchs von Fahrzeugen spricht, ist die Möglichkeit, Umgebungsbe-dingungen, wie Verkehr und klimatische Einflüsse, für alle Messfahrten konstant zu halten. Bei Messfahrten im realen Straßenverkehr hat insbesondere die schwanken-de Verkehrssituation einen signifikanten Einfluss auf die Energieflüsse im Fahrzeug. Dieser muss, sofern überhaupt bekannt, entweder anschließend aus den Messungen herausgerechnet werden oder es sind so viele Messfahrten durchzuführen, dass der Verkehr im Mittel keinen Einfluss mehr hat.

Auch antriebsseitig betrachtet gibt es mehrere Argumente für die Durchführung von Studien mit Hilfe eines Antriebsstrangprüfstands. Es existieren derzeit praktisch keine Simulationsmodelle von Batterien für Hybrid- und Elektrofahrzeuge, welche das von Ladezustand, Alterung und thermischen Einflüssen abhängige Verhalten von Batterien bei unterschiedlichen Belastungsfällen mit ausreichender Genauigkeit und in Echtzeit abbilden. Gegenüber Verbrauchsuntersuchungen mit realen Messfahrzeugen bietet ein Antriebsstrangprüfstand den Vorteil, dass der Prüfling für Messtechnik leichter zugänglich ist und diese selbst keine Auswirkungen auf den Energieverbrauch hat. Im Realfahrzeug wird der Energieverbrauch im Fahrbetrieb durch das zusätzliche Gewicht und gegebenenfalls durch die Energieversorgung der Messtechnik beeinflusst.

Gegenstand der Untersuchungen können neben der allgemeinen Ermittlung des Energieverbrauchs die Erprobung neuartiger Fahrerassistenzsysteme zur Reduzierung des Energieverbrauchs sein, wie z. B. in [55] anhand von Fahrversuchen im realen Straßenverkehr vorgestellt. Insbesondere bei passiven Assistenzsystemen, die dem Fahrer lediglich Hilfestellungen zum Energiesparen geben, von diesem jedoch überstimmt bzw. ignoriert werden können, hängt der Nutzen entscheidend von der Akzeptanz bei den Fahrern ab. Ein Beispiel für solche Assistenzsysteme ist ein aktives Gaspedal, welches dem Fahrer haptische Rückmeldung in Form von Vibrationen oder veränderlichem Gegendruck gibt. Weitere Beispiele sind eine Gangwahl- oder Geschwindigkeitsempfehlung über eine Anzeige im Kombiinstrument.

3.5.3 Untersuchungen zum Schwingungsverhalten des Antriebsstrangs

Durch die Elastizität der einzelnen Komponenten des Antriebsstrangs und deren dynamische Belastung werden im Antriebsstrang Schwingungen hervorgerufen, welche sich auf die Karosserie des Fahrzeugs übertragen. Verursacht werden diese Schwingungen beispielsweise durch Lastwechsel, Schaltvorgänge, Betätigen der Kupplung und die Drehmomentungleichförmigkeit des Motors. Im Gegensatz zu den externen Anregungen, welche durch Fahrbahnunebenheiten hervorgerufen werden, handelt es sich bei den Antriebsschwingungen um interne Anregungen [47]. Es gibt zahlreiche aktive und passive Systeme, um diese Schwingungen so weit wie möglich zu reduzieren. Diese greifen entweder direkt am Verbrennungsmotor [68], an der Kupplung [28, 64] oder bei Parallel-Hybrid-Antrieben auch am Elektromotor [4, 6, 8] an. Teilweise werden Kombinationen mehrerer Eingriffspunkte angewendet [44].

Je nach Frequenz und Amplitude der Schwingungen werden diese vom Fahrer teilweise akustisch und teilweise haptisch wahrgenommen. Die nicht hörbaren Anteile dieser Schwingungen werden vom Fahrer an den Stellen wahrgenommen, an denen er mit dem Fahrzeug in Berührung ist. Im Wesentlichen sind dies der Sitz, das Lenkrad und die Pedale. Je nach dem Übertragungsverhalten der entsprechenden Bauteile werden die einzelnen Frequenzen der Schwingungen vom Fahrer mehr oder weniger gedämpft wahrgenommen. Obwohl diese Geräusche und Vibrationen im Fahrzeug teilweise als störend empfunden werden, liefern sie dem Fahrer nützliche Rückmeldungen über den aktuellen Fahrzustand. Insbesondere beim Einkuppeln während des Anfahrvorgangs und bei zu hoher oder zu niedriger Motordrehzahl reagiert der Fahrer teilweise unbewusst auf diese Informationen. In [70] wird der Informationsaustausch des Mensch-Maschine-Systems Fahrer-Fahrzeug beschrieben und die Wahrnehmung eines veränderten Motorengeräusches explizit als Beispiel für Prozess- und Umgebungsinformation genannt.

Die Frequenzen und Amplituden der Fahrzeuglängsschwingungen sind abhängig von der Übertragungsfunktion des Antriebsstrangs. Diese setzt sich aus den Getriebeübersetzungen, Trägheitsmomenten, Steifigkeiten und Dämpfungseigenschaften der Antriebsstrangkomponenten und den Reifeneigenschaften zusammen. Abhängig vom Drehmoment- und Drehzahlverlauf auf der Motorseite ergibt sich ein entsprechender Verlauf an den angetriebenen Rädern des Fahrzeugs. Aus diesem resultiert wiederum eine Bewegung in Längsrichtung. Bei gleichbleibendem Drehmomentverlauf des Antriebs sind die Amplituden der Schwingungen in den niedrigeren Gängen deutlich größer als in den höheren. Außerdem ist die Frequenz der an den Rädern auftretenden Schwingungen in den höheren Gängen größer als in den niedrigeren. Beides führt dazu, dass das Schwingungsverhalten des Antriebsstrangs in niedrigen Gängen als störender empfunden wird [47].

Die Vibrationen und Schwingungen, welche über die Aufhängungspunkte des Motors an die Karosserie übertragen werden, sind vorwiegend bei Verbrennungsmotoren relevant. Sie entstehen aus den Gas- und Massenkräften im Inneren des Motors. Bei elektrischen Fahrzeugantrieben können diese Anregungen dagegen nahezu völlig vernachlässigt werden. Lediglich das sich bei Lastwechseln verändernde Rückstellmoment in der Motoraufhängung kann hier nennenswerte Schwingungen in der Karosserie verursachen.

Das an der Kurbelwelle anliegende Moment hat einen stationären und einen dynamischen Anteil. Das stationäre Moment ist jenes, welches für die Überwindung der Fahrwiderstände benötigt wird. Es entspricht dem Mittelwert des Drehmomentverlaufs an der Kurbelwelle über eine Umdrehung. Das stationäre Moment resultiert ausschließlich aus den Gaskräften. Die Massenkräfte sind im Mittel über eine Umdrehung bei konstanter Drehzahl gleich null. Dem stationären Moment ist das dynamische Moment überlagert, welches durch die Massenkräfte und die sich dynamisch ändernden Gaskräfte erzeugt wird. Beide Momente werden von der Motoraufhängung aufgenommen, jedoch erzeugt nur das dynamische Moment Schwingungen in der Karosserie. [47]

Die vom Fahrer wahrgenommenen Motorschwingungen haben einen gravierenden Einfluss auf das Fahrerverhalten. Deren relativ starke Abhängigkeit vom Motortyp, insbesondere Zylinderzahl und Hubraum, macht es erforderlich, diese im Fahrsimulator möglichst gut nachzubilden. Für die Erzeugung der Schwingungen am Fahrsimulator müssen Kräfte und Momente am Antriebsstrangprüfstand erfasst und durch geeignete Aktoren im Fahrzeug in der Simulatorkuppel nachgebildet werden.

3.5.4 Verlagerung der Antriebsapplikation von der Teststrecke in den Fahrsimulator

Im Rahmen der Antriebsapplikation erfolgt die Beurteilung und Feinabstimmung in der letzten Entwicklungshase vor der Serienreife mit Fahrzeugprototypen durch speziell ausgebildete Testfahrer. Insbesondere geht es dabei um die Wahrnehmung des Antriebsverhaltens durch die Fahrzeuginsassen, z. B. beim Anfahren, bei Schaltvorgängen und Lastwechseln. Daher ist es für diese Anwendung unbedingt notwendig, dass die am Prüfstand auftretenden Anregungen und Geräusche, wie in Abschnitt 3.5.3 beschrieben, im Simulator mit sehr guter Genauigkeit abgebildet werden.

Die gewünschten Ergebnisse des Applikationsprozesses können abhängig vom Fahrzeugtyp und der Zielgruppe unter den potentiellen Kunden stark variieren. Die dabei geltenden Kriterien können nicht ausschließlich aus der Analyse aufgezeichneter Messdaten oder durch die Auswertung der durch Simulationen und Berechnungen ermittelten Ergebnisse bewertet werden. Stattdessen ist hierfür das subjektive Empfinden der menschlichen Wahrnehmungsorgane entscheidend.

Neben den bereits vorher genannten Vorteilen der Kosten- und Zeiteinsparung ergeben sich durch die Kopplung von Fahrsimulator und Antriebsstrangprüfstand für die genannten Applikationsaufgaben noch weitere Vorteile. So entfallen im Simulator beispielsweise externe Störeinflüsse, wie Fahrbahnunebenheiten, sowie Reifen- und Windgeräusche, welche die Wahrnehmung der Testfahrer beeinträchtigen.

4 Gewinnung von Messdaten zur Modellerstellung

Im folgenden Kapitel werden die im Rahmen dieser Arbeit zur Gewinnung der Messdaten für die Modellerstellung verwendeten Messgrößen und die dafür verwendete Messtechnik vorgestellt. Es handelt sich dabei um die Datenaufzeichnung an Fahrsimulator und Prüfstand, sowie Messungen mit Fahrzeugen im realen Straßenverkehr. Anschließend wird auf die zur Messdatenaufzeichnung gefahrenen Streckenprofile und Einsatzbedingungen eingegangen.

4.1 Datenaufzeichnung an Fahrsimulator und Prüfstand

Die Besonderheit der Datenaufzeichnung an Fahrsimulator und Prüfstand ist die Tatsache, dass kein komplettes Fahrzeug benötigt wird, um nutzerrelevante Messdaten des Antriebsstrangs zu generieren. Wesentliche Teile des Fahrzeugs und seiner Umgebung sind nicht real vorhanden, sondern werden in einer Simulationsumgebung abgebildet. Die zu modellierende Fahrzeugkomponente, in Form des Antriebsstrangs oder Teilen davon, und der Fahrer als Quelle für die nutzerrelevanten Fahrzustände sind in ihrer natürlichen Form in den Regelkreislauf eingebunden. Im Folgenden wird deshalb davon ausgegangen, dass es sich bei der Fahrzeugkomponente, von der ein Simulationsmodell erstellt werden soll, um den Antriebsstrang bzw. Teile dessen handelt.

4.1.1 Messtechnik

Generell gilt, dass am Prüfstand mehr Messstellen zugänglich sind und die gewonnenen Messdaten tendenziell qualitativ höherwertig sind als in einem Messfahrzeug.
Für die Kopplung von Simulator und Prüfstand sind bezüglich der Messtechnik im
Prinzip keine weiteren Maßnahmen erforderlich. Praktisch alle benötigten Messgrößen gehören zum Standardumfang der Datenaufzeichnung.

Dem steht gegenüber, dass der Prüfling nicht in seiner eigentlichen Fahrzeugumgebung betrieben wird und damit einige externe Umwelteinflüsse fehlen. Handelt
es sich bei den fehlenden Größen um modellrelevante Faktoren, so kann dies ein
Nachteil gegenüber Messfahrten sein. Handelt es sich dagegen um Störgrößen, so
ist deren Fehlen am Prüfstand sogar vorteilhaft für die Modellerstellung.

In der Regel kann auf alle am Prüfstand verfügbaren Messwerte über das Automatisierungssystem zugegriffen werden. Die für die weitere Verwendung benötigten
Messwerte werden mit Frequenzen von 1, 10, 100 oder 1.000 Hz aufgezeichnet. Bei
den für die Modellerstellung benötigten Messdaten handelt es sich hauptsächlich
um elektrische Spannungen, elektrische Ströme, Drehmomente, Drehzahlen, Durch-
flussmengen, Temperaturen oder Drücke. Darüber hinaus werden noch Daten
aus der Fahrdynamiksimulation und Fahrereingaben, wie Pedalbetätigungen etc.
benötigt.

Die benötigten Daten vom Fahrsimulator werden entweder über die Datenverbin-
dung an das Automatisierungssystem gesendet oder am Simulator aufgezeichnet
und später mit den Messungen vom Prüfstand verknüpft. Die zentrale Aufzeichnung
aller Daten hat den Vorteil, dass die Daten stets zeitsynchron sind. Solange die
Verbindung zur Datenübertragung eine ausreichende Bandbreite aufweist, ist die
zentrale Aufzeichnung aller Daten am Prüfstand die zu bevorzugende Variante.

4.1.2 Einsatzprofile

Als Einsatzprofile kommen am Fahrsimulator im Prinzip die gleichen Szenarien
in Betracht, wie auch bei Messfahrten mit Realfahrzeugen. Der Unterschied ist,
dass die Fahrer das teilweise simulierte Fahrzeug in einer rein virtuellen Umgebung
bewegen, welche entweder einer realen Strecke nachempfunden oder rein fiktiver
Natur ist. Durch den Einsatz des Fahrsimulators ist es möglich, Fahrsituationen
darzustellen, welche zwar nutzerrelevant, im realen Straßenverkehr jedoch nicht
beliebig oder nur mit hohem Aufwand umsetzbar sind. Die Auswahl der Probanden
kann nach bestimmten Kriterien, wie Alter, Geschlecht, jährliche Fahrleistung etc.
erfolgen.

4.2 Messungen mit Realfahrzeugen

Im Rahmen dieser Arbeit werden für die Erstellung der Antriebskomponentenmodelle auch Datenaufzeichnungen von Messfahrzeugen im realen Straßenverkehr benutzt. Es handelt sich dabei durchweg um Messwerte, welche auch am Prüfstand und am Simulator aufgezeichnet werden können.

Durch die Nutzung von Messfahrzeugen anstatt der Kopplung von Fahrsimulator und Antriebsstrangprüfstand zur Gewinnung von Messdaten ergeben sich lediglich geringfügige Veränderungen. Bei den im Rahmen dieser Arbeit eingesetzten Messfahrzeugen handelt es sich um elektrisch angetriebene Serienfahrzeuge. Diese wurden am IVK/FKFS mit Messtechnik ausgestattet, um hauptsächlich die Energieflüsse unter verschiedenen Einsatz- und Umgebungsbedingungen zu erfassen.

4.2.1 Messtechnik

Nicht alle der in den Messfahrzeugen aufgezeichneten Daten sind für diese Arbeit relevant. Es werden daher nur jene Messgrößen erläutert, welche für die Erstellung der Fahrzeugteilmodelle verwendet werden.

Geschwindigkeit

Die Messung der Geschwindigkeit erfolgt in einigen Fällen über einen optischen Sensor, der die tatsächliche Geschwindigkeit des Fahrzeugs über der Fahrbahnoberfläche misst. Hierfür werden Laserstrahlen auf die Fahrbahn projiziert und das reflektierte Signal ausgewertet. Diese Methode hat den Vorteil, dass sie genauer ist als die sonst übliche Ermittlung der Fahrzeuggeschwindigkeit über die Raddrehzahlen.

Für eine genaue Berechnung der Geschwindigkeit aus den Raddrehzahlen müsste der Reifendurchmesser genau bekannt sein. In der Praxis ist dies meist nicht der Fall, da sich dieser u. A. mit dem Reifenluftdruck, der Beladung, der Temperatur und dem Reifenverschleiß dynamisch ändert.

In Fällen, in denen die Geschwindigkeitsermittlung über den Lasersensor nicht funktioniert, was in einigen Fällen auf nasser oder verschneiter Fahrbahn auftritt, kann das aus den Raddrehzahlen ermittelte Geschwindigkeitssignal auf dem CAN-Bus oder der aus den GPS-Daten errechnete Geschwindigkeitswert als Ersatz oder zur Plausibilisierung verwendet werden.

Beschleunigungen

Die translatorischen und rotatorischen Beschleunigungen werden nicht direkt aufge-zeichnet. Sofern Beschleunigungswerte für die Modellerstellung benötigt werden, müssen diese aus den übrigen gegebenen Daten ermittelt werden. Längsbeschleu-nigungen können verhältnismäßig einfach mit ausreichender Genauigkeit aus der Geschwindigkeitsänderung errechnet werden. Andere Beschleunigungswerte wer-den für die Modellerstellung in diesem Fall nicht benötigt. Rotationsbeschleu-nigungen um die Fahrzeughochachse und translatorische Beschleunigungen in Längs- und Querrichtung können näherungsweise aus den Geschwindigkeits- und GPS-Daten berechnet werden.

Position

Die Position des Messfahrzeugs in der realen Welt wird mit Hilfe von GPS-Sensoren (GPS: Global Positioning System) bestimmt. Die mit dem Sensor ermittelten Pos-titionsdaten in der Ebene, also Längen- und Breitengrade, können in den meisten Fällen direkt verwendet werden. Einschränkungen gibt es lediglich in Tunnel, Un-terführungen und zwischen hohen Gebäuden, wo das GPS-Signal entweder durch Reflexionen verfälscht wird oder ganz fehlt.

Um die Höhe der Fahrbahn über dem Meeresspiegel zu ermitteln und daraus den Steigungswinkel der Fahrbahn abzuschätzen, sind die GPS-Daten wegen zu großer Messunsicherheiten nicht geeignet. Hierfür werden die ermittelten Längen- und Breitengrade auf eine digitale Karte (z. B. von Vermessungsämtern) projiziert und aus diesen die dazugehörige Höhe ausgelesen.

Die GPS-Daten werden auch verwendet, um die Geschwindigkeit und Fahrtrichtung des Fahrzeugs zu bestimmen. Im ersteren Fall dienen sie jedoch nur zur Plausi-bilisierung der auf andere Weise ermittelten Geschwindigkeit. Zur Bestimmung der Fahrtrichtung werden aufeinanderfolgende GPS-Punkte durch einen Vektor verbunden, dessen Orientierung die entsprechende Fahrtrichtung angibt.

Elektrische Spannungen

Die elektrischen Spannungen werden in den Elektrofahrzeugen an der Hochvoltbatterie und im 12-Volt-Bordnetz gemessen.

Die Spannung im Hochvoltbordnetz ist stark abhängig vom Ladezustand der Hochvoltbatterie. Der Spannungswert wird insbesondere dafür benötigt, um die Aufnahme elektrischer Leistung durch den Antrieb zu ermitteln.

Die Spannung im 12-Volt-Bordnetz ist dagegen weitgehend konstant, da die Niedervoltbatterie, i. d. R. ein Blei-Säure-Akku, hauptsächlich für die Energieversorgung des Bordnetzes im Fahrzeugstillstand dient. Im Betrieb wird dieses Bordnetz über den DC/DC-Wandler aus der Hochvoltbatterie gespeist. Die 12-Volt-Batterie dient lediglich als Puffer für kurzfristige Leistungsschwankungen im Niedervoltbordnetz.

Elektrische Ströme

Um die Aufnahme elektrischer Leistung durch die einzelnen Verbraucher zu ermitteln, ist es erforderlich, neben der Spannung auch deren Ströme zu erfassen. Während die Spannung an den jeweiligen Verbrauchern in den meisten Fällen der Batteriespannung entspricht, müssen die Ströme für jeden Verbraucher separat gemessen werden.

Die für die Modellerstellung verwendeten Ströme werden auf der Gleichstromseite des Hochvolt-Bordnetzes gemessen. Hierfür kommen Sensoren zum Einsatz, welche die Ströme induktiv oder konduktiv erfassen. Problematisch für die Messung elektrischer Ströme in Fahrzeugen ist die häufig eingeschränkte Zugänglichkeit der Leitungen. Die Ströme für den elektrischen Fahrzeugantrieb können bei den gegebenen Fahrzeugkonfigurationen nicht immer direkt gemessen werden. Stattdessen wird teilweise der gesamte Strom der Hochvoltbatterie gemessen. Um die Leistungsaufnahme bzw. -abgabe des Antriebs zu erhalten, müssen entweder die übrigen Verbraucher so weit wie möglich abgeschaltet, oder deren Leistungsaufnahme, soweit diese bekannt ist, von der gesamten Leistung im Hochvoltbordnetz abgezogen werden. Das in den jeweiligen Fällen angewendete Verfahren wird in den Anwendungsbeispielen in Kapitel 6 beschrieben.

Drehmomente

Die Messung von Drehmomentwerten im Antriebsstrang ist in Messfahrzeugen nicht ohne Weiteres möglich, da hierfür Eingriffe in den mechanischen Leistungsfluss erforderlich sind. Im Rahmen dieser Arbeit wurden Messfahrten durchgeführt, bei denen Drehmomentmessnaben an den angetriebenen Rädern installiert waren (siehe Bild 4.1). Bei dem verwendeten System wird das komplette Rad durch eine Messfelge mit Reifen ersetzt. Das System ist in der Lage, neben den Drehmomenten in x-, y- und z-Richtung auch Reifenkräfte zu erfassen. In den Messnaben werden piezoelektrische Quarz-Kraftsensoren verwendet.

Im Allgemeinen ist die Drehmomentmessung im Antriebsstrang am Prüfstand erheblich einfacher durchzuführen als in den eingesetzten Messfahrzeugen.

Bild 4.1: Drehmomentmessnabe an Versuchsfahrzeug

Fahrzeugbusse

Für viele der benötigten Messwerte ist es nicht erforderlich, zusätzliche Messtechnik im Fahrzeug zu verbauen. Es handelt sich hierbei um Daten, welche von den fahrzeugeigenen Sensoren ermittelt werden und meist auf dem Fahrzeug-CAN zur

Verfügung stehen. Hierzu ist es lediglich notwendig, die IDs und die Codierung der Botschaften zu kennen.

In der Regel handelt es sich dabei um Messgrößen, welche an verschiedenen Stellen (z. B. Steuergeräten) im Fahrzeug benötigt und daher über die CAN-Busse versendet werden. Die wichtigsten, für diese Arbeit relevanten Beispiele sind Fahrpedalposition, Lenkradwinkel, Batterie-SoC (SoC: State of Charge), sowie verschiedene Spannungen, Ströme und Temperaturen.

4.2.2 Einsatzprofile

Die für die Gewinnung der benötigten Messdaten durchgeführten Fahrten umfassen sowohl geschäftliche Fahrten von Institutsmitarbeitern als auch während verschiedener Studien durchgeführte Fahrten auf dem FKFS-Rundkurs und anderen Strecken. Als Fahrer kommen sowohl verschiedene Institutsmitarbeiter als auch für Probandenstudien angeworbene Normalfahrer unterschiedlichen Alters, Geschlechts und unterschiedlicher Fahrpraxis zum Einsatz. Dadurch wird sichergestellt, dass die während der Messungen auftretenden Betriebszustände der Messfahrzeuge ein ausreichend breites Spektrum abbilden. Durch die dauerhafte Verfügbarkeit der Fahrzeuge können bei Bedarf auch gezielt zusätzliche Messungen und Messfahrten durchgeführt werden, welche sich nicht direkt aus dem realen Fahrbetrieb ergeben.

5 Verfahren zur Schätzung von Modellparametern

In diesem Kapitel wird auf den Anwendungsfall des Koppelbetriebs von Simulator und Prüfstand eingegangen, dass von vorhandenen Komponenten eines Fahrzeugantriebs Modelle erstellt werden sollen, bzw. einzelne Parameter der Modelle zu ermitteln sind.

In der Regel sind die physikalischen Zusammenhänge eines Systems Antriebsstrang entweder bekannt oder können verhältnismäßig leicht ermittelt werden. Dies gilt jedoch nicht immer für die einzelnen Parameter, welche für die Modellierung benötigt werden. Zunächst muss festgelegt werden, welche Informationen des zu modellierenden Systems bereits vorhanden und welche noch zu ermitteln sind. Anschließend können, unter Einbeziehung der vorhandenen Modellkenntnisse, die noch fehlenden Modellgrößen anhand von Messungen am real vorhandenen System ermittelt werden. Zur Lösung dieser Aufgabe stehen verschiedene Möglichkeiten zur Auswahl. Dazu gehören unter anderem Schätzverfahren, mit deren Hilfe aus einer gegebenen Anzahl von Messungen am realen System die Modellparameter ermittelt werden können.

5.1 Vergleich zwischen Modell und Prozess

Wie in Bild 5.1 gezeigt, wird aus der Differenz zwischen im Prozess mit der Eingangsmatrix U gemessenen Daten Y_P und den Ergebnissen Y_M des Simulationsmodells der Fehler e ermittelt. Ziel bei der Modellerstellung bzw. Modellparametrierung ist, die Modellparameter so zu wählen, dass dieser Fehler minimiert wird, d. h. dass die Ausgangsgrößen von Modell und Prozess weitgehend identisch sind. Zu beachten ist, dass sowohl die Eingangsgrößen als auch die gemessenen Ausgangsgrößen mit Störgrößen beaufschlagt sein können. Dem negativen Einfluss der Störgrößen kann entweder durch eine Erhöhung der Zahl an Messdaten bzw.

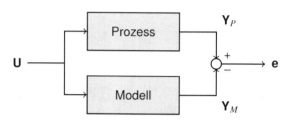

Bild 5.1: Fehlerermittlung aus Modell und Prozess

eine Messdatenaufzeichnung über einen längeren Zeitraum, oder eine verbesserte Kenntnis und Berücksichtigung der Störgrößen begegnet werden.

Die Anzahl der mindestens benötigten Messdaten hängt von der Anzahl der freien Parameter des Modells ab. Allgemein gilt, je mehr Messdaten zur Verfügung stehen, desto besser ist die damit erreichbare Modellgenauigkeit. Insbesondere zufällig verteilte Störgrößen und Messungenauigkeiten heben sich in großen Datensätzen eher gegenseitig auf als in kleineren. Ab einer gewissen Größe des Datensatzes kann keine nennenswerte Verbesserung der Modellgenauigkeit mehr erzielt werden. Stattdessen vergrößert sich dann nur noch der Rechenbedarf zur Modellerstellung.

Eine Alternative zur Erstellung eines Modells ist die Verwendung von Kennlinien und Kennfeldern. Gegenüber Modellen haben diese jedoch Nachteile, vor allem bei der Darstellung komplexerer Zusammenhänge mit mehr als zwei Eingangsgrößen. In jedem Simulationsschritt müssen hier die Ausgangsgrößen durch Inter- und Extrapolation der Kennfelddaten berechnet werden. In der Regel erfolgt dies linear oder durch Splines. Mit steigender Zahl an Eingängen und steigender Ordnung des Interpolationsverfahrens zwischen den Kennfelddaten steigt der erforderliche Rechenaufwand. Außerdem müssen, um eine gute Genauigkeit zu erzielen, entsprechend viele Datenpunkte hinterlegt sein, was einen höheren Speicherplatzbedarf zur Folge hat. Vorteile haben Kennlinien und Kennfelder mit zwei Eingangsgrößen durch ihre einfache Erstellung. Vorhandene Messdaten können hierfür direkt übernommen und tabellarisch dargestellt werden.

5.2 Klassifizierung der Verfahren

In [37], [38], [40], [49] und [62] werden verschiedene Verfahren zur Systemidentifikation und Parameterschätzung vorgestellt. Zunächst wird unterschieden, ob die physikalischen Zusammenhänge des zu modellierenden Systems bekannt sind. Ist dies der Fall, ist eine theoretische Analyse bzw. theoretische Modellbildung möglich, in die bereits vorhandene Kenntnisse über das System einfließen. Liegen keine Kenntnisse über die Zusammenhänge vor, so ist nur eine experimentelle Analyse bzw. Identifikation des Systems möglich. Sind die Beziehungen zwischen den Eingangsgrößen und Ausgangsgrößen bekannt und können in Form mathematischer Gleichungen beschrieben werden, handelt es sich um parametrische Modelle bzw. White-Box-Modelle. Im Fall von nicht parametrischen Modellen bzw. Black-Box-Modellen sind die tatsächlichen Zusammenhänge im Modell nicht in mathematischer Darstellung enthalten. Stattdessen wird der Zusammenhang zwischen Eingangs- und Ausgangsgrößen z. B. anhand von Kennlinien oder Kennfeldern dargestellt.

Des Weiteren wird zwischen Online- und Offline-Verfahren für die Parametrierung unterschieden. Bei der Online-Parametrierung findet die Analyse des Systems im laufenden Betrieb während der Messungen statt. Bei der Offline-Parametrierung erfolgen die Datenaufzeichnung und -auswertung getrennt voneinander. Da die Parametrierung der Modelle häufig iterativ erfolgt, wobei sich die Modellgüte sukzessive verbessert, wird dieser Prozess als Training bezeichnet.

Online-Verfahren werden beispielsweise zur Regleranpassung in Systemen eingesetzt, die sich während der Laufzeit, z. B. durch Verschleiß oder Alterungsprozesse, verändern. Oft handelt es sich hierbei um iterative Verfahren, bei denen die Ergebnisse vorheriger Durchläufe in die Berechnung der folgenden einfließen.

Bei den Offline-Verfahren werden die Messdaten zunächst aufgezeichnet und anschließend für die Modellerstellung bzw. -parametrierung verwendet. Eine Rückkopplung zum laufenden Prozess ist nicht vorhanden. Dabei wird in der Regel nur ein Teil der Messdaten für das Training der Modelle verwendet. Der übrige Teil wird später zur Validierung des Modells herangezogen. Die Verwendung unterschiedlicher Daten für Training und Validierung verringert die Gefahr, dass ein Modell für die Trainingsdaten gute Ergebnisse liefert, nicht aber für andere Bereiche des Eingangsraumes, und dieser Umstand nicht entdeckt wird. In diesem Fall handelt es sich um eine Überanpassung des Modells an den Trainingsdatensatz. Bei der Auswahl der Daten für Training und Validierung ist darauf zu achten, dass beide Datensätze möglichst den gesamten am realen System zu erwartenden Eingangsraum abdecken.

Ein weiteres Kriterium bei der Anwendung der unterschiedlichen Verfahren sind die Art der Anregung des Systems und ob die Untersuchungen im Zeitbereich oder im Frequenzbereich durchgeführt werden. Bei Untersuchungen im Zeitbereich wird das System häufig mit Signalen angeregt, welche an die tatsächlich im Betrieb auftretenden Verläufe angelehnt sind oder diesen entsprechen. Untersuchungen im Frequenzbereich haben dagegen häufig den Zweck, Aussagen über das Reaktionsverhalten und das Schwingungsverhalten bei bestimmten Anregungen zu treffen. Dementsprechend werden hier häufig spezielle Anregungssignale verwendet, welche im realen Betrieb nicht typischerweise auftreten. In der Regel handelt es sich um Anregungen in Form von sprunghaften Änderungen eines Eingangssignals oder periodische Signale mit rechteck-, sägezahn- oder sinusförmigem Verlauf bei verschiedenen Frequenzen.

5.3 Einige gängige Verfahren im Überblick

In [19] wird ein Schätzverfahren zur Parameteridentifikation linearer und nichtlinearer elektrischer und mechanischer Systeme vorgestellt. Bei diesem Verfahren werden die Zusammenhänge zwischen Eingängen und Ausgängen des Systems durch vereinfachende Beschränkungsgleichungen im Frequenzbereich dargestellt. Durch Minimierung der Residuen werden die Parameter ermittelt. Es handelt sich hierbei um eine modifizierte Variante der Methode der kleinsten Fehlerquadrate.

Bei der Methode der kleinsten Fehlerquadrate (Least Squares, LS) wird die Kombination von Parametern ermittelt, bei denen die Summe der Quadrate der Abweichung zwischen Prozess und Modell minimal ist. Dabei wird angenommen, dass der Fehler, welcher aus den Störungen der Ausgangsgröße des Prozesses resultiert, normalverteilt ist. Ist die Verteilung des Fehlers bekannt, kann für die Schätzung die Maximum Likelihood Methode (ML) angewendet werden. In der Regel ist dies bei den in dieser Arbeit betrachteten Anwendungen nicht der Fall. Für normalverteilte Abweichungen liefern LS und ML identische Ergebnisse. Noch mehr Kenntnisse über den Prozess werden bei der Maximum A-Posteriori (MAP) und bei der Bayes Methode (BM) benötigt. Bei der MAP muss die Verteilung der Abweichungen aus den vorhandenen Messungen in Form einer Wahrscheinlichkeitsdichtefunktion vorliegen. Zur Anwendung der BM muss die Wahrscheinlichkeitsdichtefunktion und eine direkt auf die Parameter wirkende Kostenfunktion bekannt sein.

Bei Simulationsmodellen von Fahrzeugantriebssträngen kann generell davon ausgegangen werden, dass viele der physikalischen Zusammenhänge bekannt sind. Dies beinhaltet insbesondere mechanische Größen, wie Getriebeübersetzungen und die sich daraus ergebenden Verhältnisse von Eingangs- und Ausgangs-Drehzahlen und den entsprechenden Drehmomenten. Oft können die Massen der einzelnen

Bauteile und die daraus resultierenden Trägheitsmomente rotierender Teile aus Konstruktionsdaten ermittelt werden. Aus diesen bekannten Informationen kann eine Systemstruktur als Ausgangspunkt für die weitere Parametrierung des Modells erstellt werden.

Dem gegenüber stehen Modellgrößen, welche sich nicht ohne Weiteres aus den Konstruktionsdaten ermitteln lassen. Beispiele hierfür sind Verlustleistungen und Wirkungsgrade einzelner Antriebsstrangkomponenten, wie z. B. von Getrieben oder Lagern. Die hier wirkenden Zusammenhänge sind komplex und können, wenn überhaupt, nur mit hohem Aufwand rechnerisch durch Simulationen ermittelt werden. Reibungsverluste können am Prüfstand durch Betrachten der Differenz zwischen aufgenommener und abgegebener Leistung des Antriebsstrangs oder einzelner Teilsysteme verhältnismäßig einfach ermittelt werden. Mit den aufgezeichneten Daten aus verschiedenen Betriebspunkten ist es möglich, Modelle zu entwickeln, welche eine Berechnung der Verluste bzw. von Wirkungsgraden in Abhängigkeit von den Eingangsgrößen und dem aktuellen Systemzustand ermöglichen.

Sind die Zusammenhänge zwischen Eingangs- und Ausgangsgrößen des Systems zumindest teilweise bekannt, so bieten sich Fuzzy- bzw. Neuro-Fuzzy-Modelle zur Modellierung an. Diese haben die Möglichkeit bereits vorhandenes Vorwissen über das zu modellierende System in die Modellerstellung mit einfließen zu lassen. Dadurch wird eine verbesserte Genauigkeit der Modelle erzielt, da bereits vorhandenes Wissen nicht geschätzt werden muss. Außerdem können Bereiche des Eingangsraumes, für welche keine oder nur wenige Messdaten zum Training des Modells vorhanden sind, genauer modelliert werden. Ein weiterer Vorteil der Fuzzylogik ist die bessere Interpretierbarkeit der Modelle und damit ein besseres Verständnis für die Zusammenhänge in der Modellstruktur. [49]

In den folgenden Abschnitten werden die beiden Fälle bekannter und unbekannter Modellstruktur getrennt voneinander betrachtet. Zunächst wird die Methode der kleinsten Fehlerquadrate, als Verfahren der theoretischen Modellbildung, sowie deren konkrete Anwendung bei der Erstellung eines Antriebsstrangmodells durch Kopplung von Fahrsimulator und Antriebsstrangprüfstand und der Erstellung eines Fahrzeugmodells unter Einbeziehung von Messdaten aus einem Elektrofahrzeug gezeigt. Anschließend wird mit den neuronalen Netzen eine Methode der experimentellen Modellbildung näher vorgestellt.

5.4 Methode der kleinsten Fehlerquadrate

Lässt sich die Modellgleichung mit den gesuchten Parametern in Form einer Prozessgleichung eines nichtlinearen statischen Prozesses darstellen, so kann für die Parameteridentifikation die in [37] und [49] vorgestellte Methode der kleinsten Quadrate zur theoretischen Modellbildung bzw. Parameteridentifikation angewendet werden. Die in allgemeiner Form dargestellte Prozessgleichung lautet in diesem Fall

$$\mathbf{Y}_P = \mathbf{UK} + \mathbf{n}. \tag{5.1}$$

Es ist $\mathbf{Y}_P$ der Vektor mit den gemessenen Werten der Ausgangsgröße, $\mathbf{U}$ die Matrix der Eingangsgröße(n) und deren Potenzen, $\mathbf{K}$ der Vektor der Parameter und $\mathbf{n}$ der Störsignalvektor:

$$\mathbf{Y}_P = \begin{bmatrix} Y_P(0) \\ Y_P(1) \\ \vdots \\ Y_P(N-1) \end{bmatrix}, \mathbf{U} = \begin{bmatrix} 1 & U(0) & U^2(0) & \dots & U^q(0) \\ 1 & U(1) & U^2(1) & \dots & U^q(1) \\ \vdots & \vdots & \vdots & \vdots & \vdots \\ 1 & U(N-1) & U^2(N-1) & \dots & U^q(N-1) \end{bmatrix},$$

$$\mathbf{K} = \begin{bmatrix} K_0 \\ K_1 \\ \vdots \\ K_q \end{bmatrix} \text{und } \mathbf{n} = \begin{bmatrix} n(0) \\ n(1) \\ \vdots \\ n(N-1) \end{bmatrix}.$$

Mit der Modellgleichung

$$\mathbf{Y}_M = \mathbf{UK}_M, \tag{5.2}$$

dem Fehler

$$\mathbf{e} = \mathbf{Y}_P - \mathbf{UK}_M \tag{5.3}$$

als Differenz zwischen Prozess und Modell und der Verlustfunktion

$$\mathbf{V} = \mathbf{e}^T \mathbf{e} \tag{5.4}$$

ergibt sich schließlich durch Ableitung und Minimierung der Verlustfunktion

$$\left. \frac{d\mathbf{V}}{d\mathbf{K}_M} \right|_{K_M = \widehat{K}} = 0 \tag{5.5}$$

als Schätzgleichung für die Parametermatrix

$$\widehat{\mathbf{K}} = \left[\mathbf{U}^T \mathbf{U} \right]^{-1} \mathbf{U}^T \mathbf{Y}_P. \tag{5.6}$$

Analog kann das Verfahren auch für Systeme mit mehreren Eingängen verwendet werden, solange die Modelle linear in den Parametern sind.

In einigen Fällen ist es notwendig, die Daten zur Schätzung der Modellparameter unterschiedlich zu gewichten. So können beispielsweise Daten aus Bereichen mit höheren Genauigkeitsanforderungen höher gewichtet werden als solche aus Bereichen niedriger Anforderungen. Hierfür wird die üblicherweise diagonale Gewichtungsmatrix

$$
\mathbf{Q} = \begin{bmatrix} Q_{11} & 0 & \dots & 0 \\ 0 & Q_{22} & \dots & 0 \\ \vdots & \vdots & \ddots & \vdots \\ 0 & \dots & 0 & Q_{NN} \end{bmatrix}
$$

eingeführt. Die Schätzgleichung für die Parametermatrix unter Berücksichtigung der Gewichtungsfaktoren lautet dann

$$
\widehat{\mathbf{K}} = \left[\mathbf{U}^T \mathbf{Q} \mathbf{U} \right]^{-1} \mathbf{U}^T \mathbf{Q} \mathbf{Y}_P. \tag{5.7}
$$

Häufig wird nur ein Teil der vorhandenen Messdaten zur Ermittlung der Modellparameter verwendet. Der restliche, in der Regel deutlich kleinere, Teil der Messdaten wird zur Beurteilung der Modellgüte verwendet. Ein Maß dafür ist Differenz zwischen berechneten und gemessenen Ausgangswerten. Die Aufteilung der Messdaten ist nur sinnvoll, wenn ein ausreichend großer Datensatz zur Verfügung steht. Mindestens der zur Parameteridentifikation verwendete Anteil sollte den gesamten relevanten Eingangsraum abdecken. Eine zu große Abweichung zwischen den Ausgängen des Modells und den nicht zur Parameteridentifikation verwendeten Messdaten deutet entweder auf Fehler in den Messungen, zu große und unberücksichtigte Störgrößen oder Fehler in der Modellstruktur hin. Wenn sichergestellt ist, dass die Modellstruktur den Prozess hinreichend genau abbildet und alle Daten mit ausreichender Genauigkeit vorhanden sind, kann auf die Aufteilung der vorhandenen Messdaten verzichtet werden.

5.5 Künstliche neuronale Netze

Künstliche neuronale Netze (KNN) sind in ihrer Struktur dem Aufbau des biologischen Nervensystems mit durch Synapsen verbundenen Nervenzellen nachempfunden. Sie zeichnen sich vor allem dadurch aus, dass sie nahezu ohne Vorkenntnisse

über das System durch Messdaten so trainiert werden können, dass sie Systemzusammenhänge mit ausreichender Genauigkeit abbilden.

Die einzelnen Neuronen entsprechen dabei den Nervenzellen und die Verbindungen
den Synapsen, durch welche die Nervenzellen miteinander verbunden sind. Der
Zustand eines KNNs unmittelbar nach der Erstellung und noch vor dem ersten
Trainingsdurchgang entspricht im erweiterten Sinn dem Gehirn eines neugeborenen
Lebewesens unmittelbar nach der Geburt. In diesem sind einige lebensnotwendige
Bereiche bereits ausgebildet, andere müssen im Laufe der Zeit, in einem durch
äußere Einflüsse angestoßenen Lernprozess, entwickelt werden. Zwei besondere
Merkmale dieser natürlichen neuronalen Netze sind deren Fähigkeit zum lebenslan-
gen adaptiven Lernen und zur selbstständigen Kompensation von Schäden, welche
sich aus Verletzungen oder dem Absterben einzelner Zellen ergeben. Aus dem hohen Grad an Parallelisierung resultiert eine hohe Fehlertoleranz und verhältnismäßig
kurze Verarbeitungszeit der Eingangssignale. [29]

5.5.1 Einführung

Die Verfahren der experimentellen Modellbildung bzw. Prozessidentifikation kommen zum Einsatz, wenn die Erstellung einer mathematischen Formulierung der
Zusammenhänge zwischen Ein- und Ausgängen des Modells nicht möglich ist.

KNNs sind hier besonders geeignet, da diese nahezu ohne Kenntnisse der Struktur
des Modells auskommen und dennoch sehr gute Ergebnisse liefern [40]. Dementsprechend sind einmal erstellte KNNs für unterschiedlichste Anwendungsfälle
einsetzbar. Sie müssen zur weiteren Verwendung lediglich mit den spezifischen
Trainingsdaten neu eingelernt werden. Als wichtigste Problemklassen für den
Einsatz von KNNs werden in [56] Musterklassifikation, Kategorisierung, Funk-
tionsapproximation, Prognose, Optimierung, inhaltsbasierte Speicherung sowie
Steuerung und Regelung genannt. Weitere ausführliche Beschreibungen von KNNs
und Fuzzy-Methoden finden sich in [29] und [49].

Die in der Simulation verwendeten Typen von KNNs sind üblicherweise erheblich
einfacher aufgebaut als ihre Vorbilder aus der Biologie. Die am weitesten verbreiteten Arten neuronaler Netze sind Multilayer Perceptron (MLP) gefolgt von Radial
Basis Function (RBF). Erstere haben wesentliche Vorteile in Bezug auf Genauigkeit
und Inter-, sowie Extrapolationsverhalten. Demgegenüber weisen RBFs eine bessere Interpretierbarkeit und einen geringeren Aufwand beim Training der Modelle auf.
Dafür sind sie meist etwas langsamer in Bezug auf die Ausführungszeit. Darüber

hinaus existieren zahlreiche weitere Arten neuronaler Netze, die in der praktischen Anwendung keine größere Bedeutung haben.

Bild 5.2 zeigt ein MLP-Netz mit den drei Eingangsgrößen u_1, u_2 und u_3, einer verborgenen Schicht mit vier Neuronen und einer Ausgangsgröße y. Dabei handelt es sich um ein Feedforward-Netz (FF) 1. Ordnung, d.h. es gibt keine Verbindungen zwischen Neuronen innerhalb einer Schicht, in eine frühere Schicht oder in eine höhere als die nächste Schicht. Prinzipiell kann der Ausgang eines Neurons zugleich Eingang des selben Neurons oder jedes beliebigen anderen Neurons im Netz sein. Wird durch die Verbindungen ein Kreis geschlossen, d. h. hängt der Zustand eines Neurons in irgendeiner Weise auch von seinem Ausgang ab, so handelt es sich um ein rekursives Netz. Diese werden typischerweise zur Modellierung dynamischer Systeme eingesetzt.

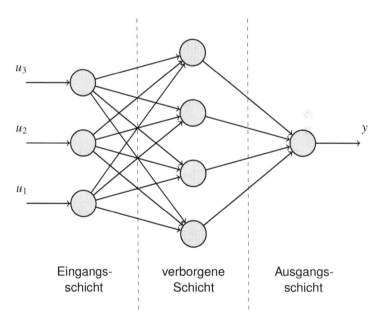

Bild 5.2: MLP-Netz mit einer verborgenen Schicht

Die Kreise in Bild 5.2 stellen die einzelnen Neuronen des Netzwerks dar. In diesen werden in der Regel die Eingangssignale zuerst mit einem Gewichtungsfaktor multipliziert. Die gewichteten Eingangsgrößen werden anschließend addiert und sind die Eingangsgröße der Aktivierungsfunktion des Neurons. In der Eingangsschicht hat jedes Neuron eine Eingangsgröße. Bild 5.3 zeigt ein Neuron im Detail. Die

Ausgangsgröße y des Neurons mit n Eingangsgrößen wird berechnet aus der Summe der Produkte der Eingangsgrößen u_i mit ihren Gewichtungsfaktoren w_i und dem konstanten Faktor k

$$x = \mathbf{w}^T \mathbf{u} + k = \sum_{i=1}^{n} w_i u_i + k \qquad (5.8)$$

und der Aktivierungsfunktion $f(x)$

$$y = f(x). \qquad (5.9)$$

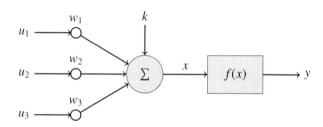

Bild 5.3: Neuron mit Gewichtung und Addition der Eingangssignale und Aktivierungsfunktion

In einigen Anwendungen wird anstelle des konstanten Faktors k ein zusätzliches Eingangssignal mit dem konstanten Wert 1 und dem Gewichtungsfaktor w_0 verwendet (siehe Bild 5.4). Dies hat den Vorteil, dass während der Trainingsphase des Netzes neben den Gewichtungsfaktoren keine weiteren Parameter zu ermitteln sind. In beiden Fällen bedeutet dies eine von den regulären Eingangsgrößen des Netzes unabhängige Verschiebung der Aktivierungsfunktion auf der x-Achse.

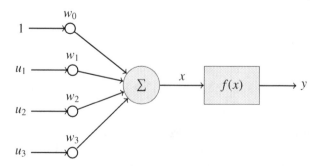

Bild 5.4: Neuron mit Realisierung der Verschiebung über eine konstante Eingangsgröße

Als Aktivierungsfunktionen kommen meistens die Linearfunktion, sigmoide Funktionen wie die Sigmoidalfunktion, der Tangens Hyperbolicus oder die Sprungfunktion, in einigen MLP-Netzen auch und in RBF-Netzen stets radiale Basisfunktionen, wie die Gaußfunktion, zum Einsatz (siehe Tabelle 5.1 und Bild 5.5). Ein typisches MLP-Netz besteht aus mehreren Neuronen mit sigmoider Aktivierungsfunktion in der verborgenen Schicht und einem Neuron mit linearer Aktivierungsfunktion in der Ausgangsschicht. Zur schnelleren Ermittlung der Gewichtungsfaktoren **w** und der Verschiebungen der Aktivierungsfaktoren durch den konstanten Faktor k werden Eingänge und Ausgänge des KNNs in der Regel vor Beginn des Trainings auf das Intervall [0..1] oder [-1..1] normiert.

Tabelle 5.1: Häufig verwendete Aktivierungsfunktionen künstlicher neuronaler Netze

Linearfunktion	$y = x$
Sigmoidalfunktion	$y = \dfrac{1}{1 + e^{-x}}$
Tangens Hyperbolicus	$y = tanh(x) = \dfrac{e^x - e^{-x}}{e^x + e^{-x}} = 1 - \dfrac{2}{1 + e^{2x}}$
Gaußfunktion	$y = e^{-x^2}$
Sprungfunktion	$y = \begin{cases} 0 & \text{wenn } x < 0 \\ 1 & \text{wenn } x \geq 0 \end{cases}$

5.5.2 Training künstlicher neuronaler Netze

Auch wenn KNNs überwiegend zur Modellierung von Systemen eingesetzt werden, über deren Zusammenhänge wenig bis gar nichts bekannt ist, so besteht die Möglichkeit, vorhandenes Wissen in begrenztem Umfang bereits in die Gestaltung der Netzstruktur einfließen zu lassen. Dies kann durch Weglassen einzelner Verbindungen zwischen Neuronen, die gezielte Auswahl der Aktivierungsfunktionen oder Einschränkungen der Gewichtsfaktoren und der Parameter der Aktivierungsfunktionen erfolgen. Durch diese Maßnahmen kann die Anzahl der freien Modellparameter deutlich reduziert werden. Dies hat zur Folge, dass ein kleinerer Trainingsdatensatz benötigt wird, der Trainingsalgorithmus schneller konvergiert

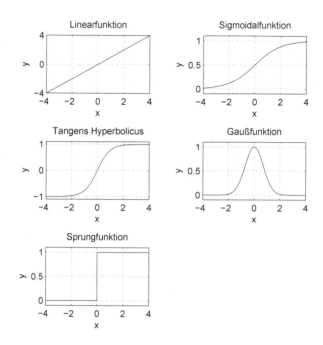

Bild 5.5: Grafische Darstellung der Aktivierungsfunktionen aus Tabelle 5.1

und der Prozess in der Regel besser abgebildet wird, als bei einem voll verbundenen Netz. [29]

Nach der Erstellung eines KNNs muss dieses mit einem ausreichend großen Satz von Trainingsdaten trainiert werden. Dafür stehen überwachte und unüberwachte Lernverfahren zur Auswahl. Bei den überwachten Lernverfahren stehen auch die zu den jeweiligen Eingangsdaten gehörenden Ausgangsdaten des Prozesses für das Training zur Verfügung. Dagegen müssen unüberwachte Lernverfahren ohne diese Informationen auskommen. In [56] wird in diesem Zusammenhang der Begriff „selbstorganisierende Netze" genannt. Im weiteren Verlauf dieser Arbeit wird auf die überwachten Lernverfahren eingegangen.

Ein Trainingsdatensatz besteht auch hier, wie schon bei der Methode der kleinsten Fehlerquadrate, aus einer in der Regel anhand von Messungen ermittelten Anzahl an Kombinationen von Eingangs- und Ausgangsdaten des zu modellierenden Systems. Wegen des schlechten Extrapolationsverhaltens von KNNs ist es dabei noch wichtiger, dass die Trainingsdaten möglichst den gesamten Bereich aller relevanten Kombinationen der Eingangsdaten enthalten.

Im Gegensatz zur theoretischen Modellbildung, bei der häufig alle vorhandenen Messdaten zur Parameteridentifikation verwendet werden, wird der Trainingsdatensatz für KNNs meist in drei Teile aufgeteilt. Der größte Teil von etwa 60-70 % des Datensatzes wird für das eigentliche Training des KNNs verwendet. Die restlichen Daten werden mit einem Anteil von jeweils etwa 15-20 % des gesamten Datensatzes für Validierung und Test verwendet.

Mit dem Datensatz für das Training wird die eigentliche Identifikation der Parameter des KNNs durchgeführt. Der Datensatz für die Validierung dient dazu, eine Überanpassung des KNNs an die Trainingsdaten zu verhindern. Hierzu wird nach jedem Trainingsdurchgang die Abweichung des Validierungsdatensatzes von den Ausgabewerten des aktuellen KNNs verglichen. Ab einer gewissen Anzahl an Trainingsdurchläufen nimmt diese Abweichung wieder zu, während die Abweichung zwischen Trainingsdaten und KNN weiter abnimmt. An diesem Punkt ist das KNN zu sehr an die Trainingsdaten angepasst.

In Bild 5.6 ist ein typischer Verlauf der Abweichungen der einzelnen Datensätze zu den Trainingsdaten während dem Training dargestellt. In diesem Beispiel wird das Training abgebrochen, wenn das mittlere Fehlerquadrat des Validierungsdatensatzes in sechs aufeinanderfolgenden Iterationen kein neues Minimum erreicht. [9] [10]

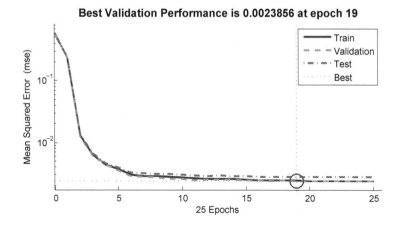

Bild 5.6: Typischer Verlauf des Fehlers eines Validierungsdatensatzes während dem Training eines künstlichen neuronalen Netzes

Ein Anstieg des Fehlers für den Validierungsdatensatz bedeutet, dass das Modell für Kombinationen der Eingangsgrößen, welche nicht im Trainingsdatensatz enthalten sind, die Systemzusammenhänge nicht mit bestmöglicher Genauigkeit abbildet. Eine Zunahme des Fehlers zwischen Validierungsdatensatz und KNN über mehrere aufeinanderfolgende Trainingsdurchläufe ist deshalb ein Abbruchkriterium für das Training eines KNNs. Der Zustand des KNNs mit dem geringsten Fehler in Bezug auf den Validierungsdatensatz ist dann das Endergebnis des Trainings. Die abschließende Beurteilung der Güte des KNNs erfolgt durch Betrachtung des Fehlers zwischen dem KNN und dem Testdatensatz. Dieser ist im Gegensatz zum Validierungsdatensatz nicht direkt am Training des KNN beteiligt und ermöglicht deshalb eine zuverlässigere Aussage über die Verallgemeinerungsfähigkeit des KNNs. Bei ausreichend großen Datensätzen sind die Fehler der einzelnen Teildatensätze in Bezug auf das KNN am Ende der Trainingsdurchläufe etwa gleich groß.

Die Übereinstimmung des Modells mit den Messdaten der einzelnen Datensätze kann in einer Regressionsanalyse (Bild 5.7) grafisch dargestellt werden. Jeder dargestellte Punkt repräsentiert für einen Messpunkt aus dem jeweiligen Datensatz die Übereinstimmung zwischen gemessenem und mit dem Modell berechnetem Wert. Die Übereinstimmung ist umso besser, je näher die einzelnen Datenpunkte an den Ursprungshalbgeraden der einzelnen Diagramme liegen.

Schlechte Ergebnisse der Regressionsanalyse und der Validierungs-Performance treten hauptsächlich aufgrund folgender Ursachen auf:

- Das KNN hat zu wenige Neuronen.

- Die Trainingsdaten sind verrauscht oder mit Störgrößen behaftet.

- Es gibt noch weitere unberücksichtigte Eingangsgrößen.

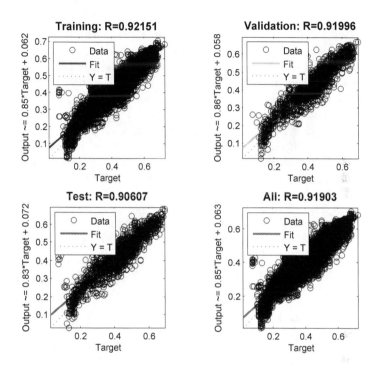

Bild 5.7: Regressionsanalyse der einzelnen Datensätze nach dem Training

5.5.3 Trainingsalgorithmen

Für das Training der KNNs stehen verschiedene Algorithmen zur Auswahl. Welcher Algorithmus geeignet ist, hängt von verschiedenen Faktoren ab. Dazu gehören insbesondere die Komplexität des Netzes und der Umfang des Trainingsdatensatzes. Die Unterschiede machen sich vor allem in der Konvergenz, der Konvergenzgeschwindigkeit und dem benötigten Speicherplatz bemerkbar.

Bei den in dieser Arbeit betrachteten KNNs handelt es sich um solche mit relativ wenigen Neuronen und damit relativ wenigen freien Parametern. Für diese Arten von KNNs, mit weniger als einigen Hundert Gewichtungsfaktoren, ist der Levenberg-Marquardt-Algorithmus (LMA) besonders geeignet, da er gegenüber anderen Algorithmen schneller und teilweise näher an das Optimum konvergiert [10] [26]. Er ist zusammen mit dem Quasi-Newton-Verfahren die am meisten angewendete Trainingsmethode für KNNs kleiner und mittlerer Größe [49].

Der LMA ist eine Methode zur Schätzung nichtlinearer Parameter und wird erstmals in [46] vorgestellt. Es handelt sich dabei um eine Kombination des Taylor-Reihen- bzw. Gauß-Newton-Verfahrens mit der Methode des steilsten Abstiegs. Der Algorithmus ist so konzipert, dass anfangs der Einfluss des Gradientenabstiegsverfahrens überwiegt. Dieses hat den Vorteil, dass es auch bei weit vom Optimum entfernten Initialwerten konvergiert. Nachteilig ist allerdings die langsame Konvergenz in der Nähe des Optimums, da es sich diesem tendenziell in Zickzackschritten nähert. Aus diesem Grund überwiegt gegen Ende des Optimierungsprozesses das Gauß-Newton-Verfahren, welches zwar Nachteile bei der Konvergenz ausgehend von weiter vom Optimum entfernten Punkten hat, dafür aber in der Nähe des Optimums schnell und zuverlässig konvergiert.

Ziel der Optimierung ist die Minimierung der Summe der Fehlerquadrate $\mathbf{V}$ in Abhängigkeit vom Parametervektor $\mathbf{x}$ des KNNs

$$\mathbf{V}(\mathbf{x}) = \sum_{i=1}^{N} e_i^2(\mathbf{x}), \qquad (5.10)$$

welche ein Maß für die Abweichung des KNNs vom Trainingsdatensatz ist.

Bei der Methode des steilsten Abstiegs werden die partiellen Ableitungen der Fehlerfunktion $\mathbf{V}(\mathbf{x})$ nach den Parametern x_i ermittelt.

$$\nabla \mathbf{V}(\mathbf{x}) = \begin{bmatrix} \frac{\delta \mathbf{V}(\mathbf{x})}{\delta x_1} & \frac{\delta \mathbf{V}(\mathbf{x})}{\delta x_2} & \cdots & \frac{\delta \mathbf{V}(\mathbf{x})}{\delta x_N} \end{bmatrix}^T \qquad (5.11)$$

Der Algorithmus bewegt sich mit der Schrittweite α in die Richtung, in die $\mathbf{V}(\mathbf{x})$ am stärksten abnimmt.

$$\Delta \mathbf{x} = -\alpha \nabla \mathbf{V}(\mathbf{x}) \qquad (5.12)$$

Da dies häufig nicht die Richtung ist, in der sich das Optimum befindet, konvergiert das Gradientenabstiegsverfahren besonders in der Nähe des Optimums oft langsam. Dafür konvergiert das Verfahren auch für weit vom Optimum entfernte Startpunkte.

Beim Gauß-Newton-Verfahren fließen in die Berechnung des neuen Parametervektors für jeden Iterationsschritt die partiellen Ableitungen jedes einzelnen Fehlers ein.

$$\Delta \mathbf{x} = \begin{bmatrix} \mathbf{J}^T(\mathbf{x}) \mathbf{J}(\mathbf{x}) \end{bmatrix}^{-1} \mathbf{J}^T(\mathbf{x}) \mathbf{e}(\mathbf{x}) \qquad (5.13)$$

mit der Jacobimatrix

$$
\mathbf{J}(\mathbf{x}) =
\begin{bmatrix}
\frac{\delta e_1(\mathbf{x})}{\delta x_1} & \frac{\delta e_1(\mathbf{x})}{\delta x_2} & \cdots & \frac{\delta e_1(\mathbf{x})}{\delta x_n} \\
\frac{\delta e_2(\mathbf{x})}{\delta x_1} & \frac{\delta e_2(\mathbf{x})}{\delta x_2} & \cdots & \frac{\delta e_2(\mathbf{x})}{\delta x_n} \\
\vdots & \vdots & \ddots & \vdots \\
\frac{\delta e_N(\mathbf{x})}{\delta x_1} & \frac{\delta e_N(\mathbf{x})}{\delta x_2} & \cdots & \frac{\delta e_N(\mathbf{x})}{\delta x_n}
\end{bmatrix}
\tag{5.14}
$$

Das Verfahren konvergiert umso besser, je näher der Parametervektor $\mathbf{x}$ dem Optimum kommt. Für weit vom Optimum entfernte Punkte besteht dagegen die Gefahr, dass das Verfahren divergiert.

In [26], [29] und [49] wird die Anwendung des LMA für das Training von KNNs beschrieben. Er kombiniert die Vorteile des Gradientenabstiegsverfahrens und des Gauß-Newton-Verfahrens und eliminiert gleichzeitig deren jeweilige Nachteile. Das Gauß-Newton-Verfahren wird dazu folgendermaßen verändert:

$$
\Delta\mathbf{x} = \left[\mathbf{J}^T(\mathbf{x})\,\mathbf{J}(\mathbf{x}) + \mu\mathbf{I}\right]^{-1}\mathbf{J}^T(\mathbf{x})\,\mathbf{e}(\mathbf{x})
\tag{5.15}
$$

Der Parameter μ bestimmt im Prinzip den Anteil des Gradientenabstiegsverfahrens. Für große μ wird der Algorithmus damit zum Gradientenabstiegsverfahren, für kleine μ zum Gauß-Newton-Verfahren. Er wird mit einem Faktor β multipliziert, wenn in einem Iterationsschritt V zunimmt und durch β dividiert, wenn V abnimmt. Im Gegensatz zum Gradientenabstiegsverfahren werden Schrittweite und Bewegungsrichtung in einem Rechenschritt ermittelt. Der LMA selbst hat allerdings den Nachteil, dass die benötigte Berechnungszeit für KNNs mit mehr als einigen hundert Parametern, wegen der dann sehr großen Jacobi-Matrix, stark ansteigt.

Der LMA und andere Trainingsalgorithmen sind unter Anderem in der Neural Network Toolbox von Matlab fertig implementiert. Da die Trainingsalgorithmen häufig dazu neigen, in lokalen Optima hängen zu bleiben, ist es empfehlenswert die Trainingsdurchgänge mehrmals mit unterschiedlichen Initialisierungswerten durchzuführen und am Ende das Ergebnis mit der besten Übereinstimmung zu verwenden.

5.5.4 Anwendung bei nicht vollständiger Abdeckung des Zustandsraums durch den Trainingsdatensatz

KNNs haben die Eigenschaft, dass sie in vielen Fällen nur den Bereich des Zustandsraums ausreichend gut abbilden, für den zum Training ausreichend viele

Messdaten zur Verfügung standen. Das bedeutet, dass sie häufig ein schlechtes Extrapolationsverhalten in andere Bereiche des Zustandsraumes haben. Bei der Verwendung von Daten aus Messfahrten mit Realfahrern für das Training der KNNs ist nicht immer sichergestellt, dass alle Bereiche des Zustandsraumes in den Messdaten ausreichend abgedeckt sind. Für diese Bereiche ist es unter Umständen sinnvoll, bei der Modellerstellung weitere Daten mit einzubeziehen, z. B. aus mit stationären Prüfstandsmessungen erstellten Kennfeldern. Im Folgenden wird ein Verfahren entwickelt, wie die Modellierung durch KNNs für den Fall der nicht vollständigen Abdeckung des Zustandsraums durch den Trainingsdatensatz erweitert werden kann.

Um die Abdeckung einzelner Bereiche des Zustandsraums zu ermitteln wird dieser in Zellen Z eingeteilt. In Bild 5.8 wird diese Aufteilung am Beispiel eines zweidimensionalen Zustandsraums gezeigt. Die unteren ($MG_{i,UG}$) und oberen ($MG_{i,OG}$) Grenzen der berücksichtigten Wertebereiche der einzelnen Messgrößen werden so gewählt, dass alle vorhandenen Messwerte innerhalb derer liegen. Anschließend wird die Größe $MG_{i,Int.}$ der Zellen für die i-te Messgröße festgelegt. Die j-te Zelle der i-ten Messgröße wird mit $Z_{MG_{i,j}}$ bezeichnet. Die Anzahl der Zellen für eine Messgröße ist

$$MG_{i,Zell} = \frac{MG_{i,OG} - MG_{i,UG}}{MG_{i,Int.}}. \tag{5.16}$$

Die einzelnen Zellen des Zustandsraums sind die jeweiligen Schnittmengen der Zellen der einzelnen Messgrößen. Die Gesamtzahl der Zellen aller Messgrößen ist für den n-dimensionalen Zustandsraum das Produkt aus den Anzahlen der Zellen für die einzelnen Messgrößen

$$MG_{ges,Zell} = \prod_{i=1}^{n} MG_{i,Zell}. \tag{5.17}$$

Für die Fahrpedalposition, im Folgenden als MG_1 (Messgröße 1) bezeichnet ist die untere Grenze $MG_{1,UG} = -1\ \%$, die obere Grenze $MG_{1,OG} = 101\ \%$ bei einer Zellgröße von $MG_{1,Int.} = 2\ \%$. Für die Fahrpedalposition ergibt sich damit ein Wert von $MG_{1,Zell} = 51$. Die Grenzen der Zellen werden so gewählt, dass auftretende Extremwerte, wie 0 bzw. 100 % Fahrpedalwinkel, jeweils in der Mitte einer Zelle liegen. Analog dazu sind die Werte für die Motordrehzahl $MG_{2,UG} = -50\ U/min$, $MG_{2,OG} = 7.050\ U/min$, $MG_{2,Int.} = 100\ U/min$ und $MG_{2,Zell} = 71$. Für das Beispiel ergibt sich eine Gesamtanzahl von $MG_{ges,Zell} = 3.621$ Zellen. Für jede der Zellen wird die Häufigkeit $h_{MG_{1,j},MG_{2,j}}$ mit $j \in [1, MG_{i,Zell}]$ ermittelt, welche angibt, wie viele Messpunkte innerhalb einer Zelle liegen. In Bild 5.9 ist dies am

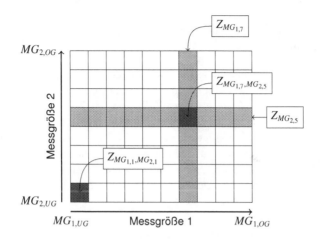

Bild 5.8: Darstellung der Aufteilung des Zustandsraums in $MG_{ges,Zell} = 10 \cdot 8 = 80$ Zellen für ein System mit zwei Eingangsgrößen

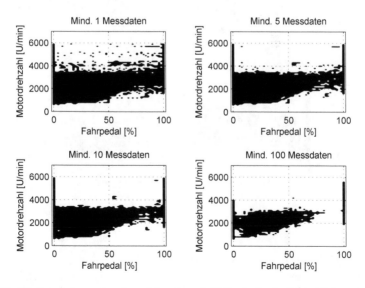

Bild 5.9: Häufigkeit der vorhandenen Messdaten je Zelle für Drehzahl und Fahrpedalposition bei 3621 Zellen

Beispiel der Werte Fahrpedalposition und Motordrehzahl aus einer Fahrt auf dem FKFS-Rundkurs dargestellt.

In Bild 5.10 wird die Abdeckung des Zustandsraumes für den gleichen Messdatensatz, jedoch mit folgender Zellaufteilung dargestellt: $MG_{1,UG} = -5\,\%$, $MG_{1,OG} = 105\,\%$, $MG_{1,Int.} = 10\,\%$, $MG_{2,UG} = -250\,U/min$, $MG_{2,OG} = 7.250\,U/min$ und $MG_{2,Int.} = 500\,U/min$. Mit diesen Werten ergibt sich eine Gesamtanzahl von $MG_{ges,Zell} = 165$ Zellen. Da mit den geänderten Zellgrenzen die einzelnen Zellen deutlich größere Bereiche des Zustandsraumes abdecken, steigt der Anteil der Zellen, für welche mehrere Messdaten im Datensatz vorhanden sind. Dies wird aus der Vergrößerung der schwarzen Flächen in Bild 5.10 gegenüber Bild 5.9 deutlich.

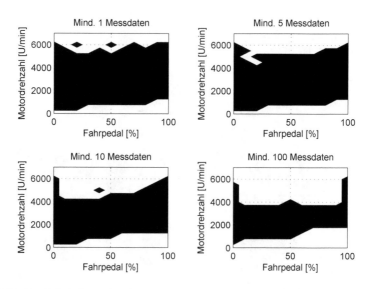

Bild 5.10: Häufigkeit der vorhandenen Messdaten je Zelle für Drehzahl und Fahrpedalposition bei 165 Zellen

Die Anzahl der verfügbaren Messwerte innerhalb einer Zelle ist ein Maß dafür, wie gut ein Bereich des Zustandsraums durch die vorhandenen Messdaten abgedeckt ist. Die bisher betrachteten Messgrößen Fahrpedalposition und Motordrehzahl könnten die Eingangsmatrix $\mathbf{U} = [MG_1, MG_2]$ eines Prozesses darstellen. Die dazugehörigen Ausgangsgrößen $\mathbf{Y}_P$ sind weitere ebenfalls in den Messdaten enthaltene Größen, welche von den Eingangsgrößen abhängen.

Welche Zellgröße geeignet ist, um eine zuverlässige Aussage über die Abdeckung des Zustandsraumes durch die vorhandenen Messdaten zu erlauben, hängt stark vom Verlauf der betrachteten Zielgrößen des Zustandsraums ab. Allgemein gilt, je stärker die Ausgangsgrößen innerhalb des betrachteten Zustandsraums variieren, desto kleiner müssen die Zellen sein. Ändert sich die Variationsbreite der Zielgrößen innerhalb des Zustandsraums stark, so können auch Zellen unterschiedlicher Größe sinnvoll sein. Bei zu großen Zellen besteht die Tendenz, dass Bereiche des Zustandraumes als in den Messdaten ausreichend repräsentiert angesehen werden, obwohl für diese nicht genug Messpunkte vorhanden sind. Demgegenüber werden bei zu kleinen Zellen häufiger kleinere Bereiche des Zustandsraumes als nicht ausreichend repräsentiert beurteilt, obwohl für diese eine ausreichende Dichte an Messpunkten vorhanden ist. Dieser Tendenz kann teilweise dadurch begegnet werden, dass für größere Zellen eine entsprechend größere Anzahl an Messpunkten innerhalb einer Zelle erforderlich sind, ab welcher der entsprechende Bereich des Zustandsraums als ausreichend abgedeckt gilt.

Die Anzahl der für eine ausreichende Abdeckung innerhalb einer Zelle erforderlichen Messpunkte hängt auch von der Qualität der Messdaten insbesondere für die Ausgangsgrößen des Prozesses ab. Sind diese stark verrauscht oder mit unbekannten Störgrößen beaufschlagt, so ist eine höhere Anzahl an Messpunkten notwendig, als bei qualitativ hochwertigen Messdaten.

Für bestimmte Bereiche des Zustandsraums kann es vorkommen, dass in einzelnen Zellen extrem viele Messpunkte zur Verfügung stehen. Um eine Überanpassung eines KNNs an diese Messpunkte zu vermeiden, kann die Anzahl bzw. die Gewichtung der für das Training des KNNs verwendeten Daten, welche aus einer Zelle stammen, nach oben begrenzt werden. Zur Reduzierung der Anzahl wird nur ein Teil der zur Verfügung stehenden Messdaten aus einer Zelle in den Trainingsdatensatz übernommen. Alternativ dazu können mehrere Messpunkte aus einer Zelle zu einem einzelnen Punkt zusammengefasst und dieser in den Trainingsdatensatz aufgenommen werden. Hierbei wird durch die Berechnung des Mittelwerts mehrerer Messpunkte die Gewichtung eines einzelnen Messpunktes reduziert.

Wegen des schlechten Extrapolationsverhaltens von KNNs ist es nicht sichergestellt, dass für Bereiche des Zustandsraums, welche nicht ausreichend in den Trainingsdaten abgebildet sind, zuverlässige Ergebnisse geliefert werden. Deshalb muss für diese Bereiche eine gesonderte Lösung angewendet werden. Falls es überhaupt nicht möglich ist, Messwerte in diesen Bereichen zu erhalten, müssen hierfür Verfahren verwendet werden, welche ein besseres Extrapolationsverhalten haben als KNNs. Im Idealfall ist es möglich, zumindest für die Randbereiche des Zustandsraums

einzelne Messpunkte, z. B. aus stationären Prüfstandsmessungen oder anderen Modellen zu erhalten oder Schätzwerte zu verwenden und aus diesen ein Ersatzmodell
oder -kennfeld für die nicht durch den Trainingsdatensatz abgedeckten Bereiche zu
erstellen.

Bei der Verwendung der so erstellten Modelle in der Simulation wird abhängig
von den Eingangsdaten entschieden, ob die Ergebnisse des KNNs oder des Ersatzmodells am Modellausgang ausgegeben werden. Hierfür wird, abhängig von der
Anzahl der für eine Zelle vorhandenen Messdaten im Trainingsdatensatz, für die
einzelnen Zellen des Zustandsraums ein Vertrauensindex

$$\alpha_N = f(h_{MG_{1,j},MG_{2,j},\ldots}) \qquad (5.18)$$

mit einem möglichen Wertebereich $\alpha_N \in [0, 1]$ eingeführt. Dieser ist ein Maß
dafür, wie groß die Wahrscheinlichkeit eingeschätzt wird, dass das KNN für den
betreffenden Bereich des Zustandsraums ein hinreichendes Ergebnis liefert. Ist der
Modellausgang des KNN $y_{M,N}$ und der Modellausgang des Ersatzmodells $y_{M,E}$, so
wird die Ausgangsgröße des Gesamtmodells mit

$$y_M = \alpha_N \cdot y_{M,N} + (1 - \alpha_N) \cdot y_{M,E} \qquad (5.19)$$

berechnet. Für $\alpha_N = 1$ bedeutet dies, dass auschließlich der Ausgang des KNNs
verwendet wird. Ist $\alpha_N = 0$, wird ausschließlich der Ausgang des Ersatzmodells
verwendet.

6 Ergebnisse der Erstellung von Antriebsstrangmodellen aus Messdaten

In diesem Kapitel wird anhand einiger Beispiele gezeigt, wie die in den vorherigen Kapiteln vorgestellten Verfahren zur Gewinnung von Messdaten und zur Parameterschätzung für die Erstellung von Antriebsstrangmodellen bzw. deren Komponenten verwendet werden können. Dabei kommen sowohl die Kopplung von Fahrsimulator und Antriebsstrangprüfstand als auch die Datenaufzeichnung mit Messfahrzeugen im Straßenverkehr zum Einsatz.

Zuerst wird das Modell eines elektrisch angetriebenen Antriebsstrangs erstellt, der auf dem mit dem Fahrsimulator gekoppelten Prüfstand betrieben wird. Das Modell bildet neben der Antriebsleistung des Motors den Getriebewirkungsgrad und das Differenzmoment zwischen den beiden Antriebsrädern ab. Außerdem wird aus den Messdaten die Getriebeübersetzung und das Torsionsträgheitsmoment ermittelt.

In einem weiteren Beispiel wird für ein mit entsprechender Messtechnik ausgestattetes Elektrofahrzeug mit permanenterregter Synchronmaschine (PMSM) ein Modell zur Berechnung des Batteriestroms und des Antriebsmomentes an den Rädern in Abhängigkeit von Fahrpedalposition, Bremsdruck, Batteriespannung und Motordrehzahl erstellt und die Hochvoltbatterie modelliert.

Als Ergänzung wird am Ende des Kapitels dargestellt, wie aus den Messdaten des Realfahrzeugs die Parameter für die Fahrwiderstandsgleichung ermittelt und daraus ein einfaches Längsdynamikmodell erstellt wird.

6.1 Erstellung eines Antriebsstrangmodells anhand von Simulatorfahrten mit realem Antriebsstrang

Die für die Erstellung des Antriebsstrangmodells verwendeten Messdaten stammen aus dem in Kapitel 3.4 beschriebenen und realisierten Koppelbetrieb von Fahrsimulator und Antriebsstrangprüfstand.

Für die Modellerstellung des Antriebsstrangs wird davon ausgegangen, dass nur die folgenden, am Prüfstand gemessenen Größen bekannt sind:

n_{VM}: Drehzahl der Vordermaschine

n_{HL}: Drehzahl des linken Hinterrads

n_{HR}: Drehzahl des rechten Hinterrads

M_{VM}: Drehmoment der Vordermaschine

M_{HL}: Drehmoment des linken Hinterrads

M_{HR}: Drehmoment des rechten Hinterrads

T_{Diff}: Öltemperatur im Differentialgetriebe

Außerdem liegt noch die vom Fahrer im Simulator vorgegebene Fahrpedalposition α vor. Die Daten wurden mit einer Frequenz von $100\,Hz$ aufgezeichnet. Für die Auswertungen stehen insgesamt etwa 174.000 Messwerte zur Verfügung, was einer Fahrtdauer von etwa 29 Minuten entspricht.

Getriebeübersetzung

Der am einfachsten zu ermittelnde Parameter des Antriebsstrangs ist die Übersetzung

$$i_{Diff} = \frac{n_{VM}}{n_{HA}} \qquad (6.1)$$

des Differentialgetriebes. Hierfür muss lediglich das Verhältnis der Drehzahl der Antriebsmaschine und der Raddrehzahlen berechnet werden. Die Drehzahl n_{HA} der Hinterachse entspricht dem Mittelwert der Raddrehzahlen:

$$n_{HA} = \frac{n_{HL} + n_{HR}}{2}. \qquad (6.2)$$

Für einen steifen und spielfreien Antriebsstrang wäre jeweils nur ein einziger Messwert erforderlich. Um den Einfluss von Getriebespiel und Torsion der Wellen durch Schwingungen zu eliminieren, werden alle vorliegenden Messungen mit einer Antriebsdrehzahl $n_{VM} > 1.000\,U/min$ zur Berechnung der Getriebeübersetzung verwendet. Das Ergebnis der Anwendung der Methode der kleinsten Fehlerquadrate auf die Gleichung

$$n_{HA} = i_{Diff} \cdot n_{HR}.$$

lautet:

$$i_{Diff} = 3,55.$$

Drehmoment der Antriebsmaschine

Für den Modellierung des Drehmomentes in Abhängigkeit von der Motordrehzahl und der Fahrpedalposition werden an dieser Stelle zwei Annahmen getroffen, die für Elektroantriebe in Fahrzeugen in der Regel gültig sind:

- Das Drehmoment ist bei gleichbleibender Drehzahl proportional zur Fahrpedalposition.

- Ab einer gewissen Drehzahl wird das maximale Drehmoment durch die maximale Leistung begrenzt (Feldschwächebereich).

Um den Übergang vom Bereich des maximalen Moments in den Feldschwächebereich zu ermitteln, werden für Fahrpedalpositionen $\alpha > 99,5\,\%$ die Messwerte M_{VM} und die berechnete Leistung P_{VM} über n_{VM} aufgetragen (siehe Bild 6.1). Zur besseren Ablesbarkeit des Übergangs wird für M_{VM} und n_{VM} jeweils der Durchschnitt über 50 Messwerte verwendet. Die Linien in den unteren Bereichen des Diagramms kommen daher, dass es bei schneller Betätigung des Fahrpedals eine Weile dauert, bis das maximale Antriebsmoment erreicht wird.

Aus beiden Diagrammen wird abgelesen, dass der Übergang in den Feldschwächebereich ungefähr bei $n_{VM} = 3.000\ U/min$ liegt. Um das maximale Moment M_{max} aus den Messdaten zu ermitteln, wird für alle Messwerte von M_{VM} mit $n_{VM} < 2.800\ U/min$ und $\alpha > 99,5\,\%$ der Mittelwert berechnet. Analog dazu wird zur Ermittlung der maximalen Leistung P_{max} für alle Messwerte mit $n_{VM} > 3.200\ U/min$ und $\alpha > 99,5\,\%$ der Mittelwert der Leistung P_{VM} berechnet. Im Bereich der Drehmomentbegrenzung gilt unabhängig von der Drehzahl:

$$M_{VM} = \alpha \cdot M_{max}. \tag{6.3}$$

Im Feldschwächebereich gilt:

$$M_{VM} = \alpha \cdot \frac{60}{2\pi} \cdot \frac{P_{max}}{n_{VM}}. \tag{6.4}$$

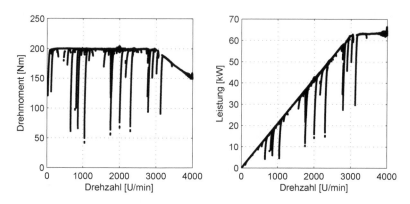

Bild 6.1: Drehmoment und Leistung über Drehzahl bei Volllast

Die Übergangsdrehzahl $n_{VM} = n_{grenz}$ in den Feldschwächebereich kann durch Gleichsetzen der Gleichungen 6.3 und 6.4 ermittelt werden:

$$n_{grenz} = \frac{60}{2\pi} \cdot \frac{P_{max}}{M_{max}}. \tag{6.5}$$

Die aus den Messwerten ermittelten und tatsächlichen Parameter sind in Tabelle 6.1 aufgelistet.

Tabelle 6.1: Geschätzte und tatsächliche Parameter des Antriebs

	Geschätzt		Tatsächlich	
M_{max}	196,3	Nm	200	Nm
P_{max}	63,28	kW	62,83	kW
n_{grenz}	3.078	U/min	3.000	U/min

Getriebewirkungsgrad

Als nächstes wird der Wirkungsgrad η_{Diff} des Differentialgetriebes als Verhältnis der Leistung an der Hinterachse

$$P_{HA} = \frac{2\pi}{60} \cdot (n_{HL} \cdot M_{HL} + n_{HR} \cdot M_{HR}) \tag{6.6}$$

und an der Antriebsmaschine

$$P_{VM} = \frac{2\pi}{60} \cdot n_{VM} \cdot M_{VM} \qquad (6.7)$$

zu

$$\eta_{Diff} = \frac{P_{HA}}{P_{VM}} \qquad (6.8)$$

berechnet.

Die genauere Betrachtung der aufgezeichneten Drehmoment- und Drehzahlwerte zeigt, dass diese mit Schwingungen überlagert sind, die sich allerdings auch durch eine Fast Fourier Transformation (FFT) keiner bestimmten Frequenz zuordnen lassen. Zur Ermittlung des Wirkungsgrades werden einmal die Rohdaten der aufgezeichneten Messungen verwendet und einmal ein geglättetes Signal. Um den Signalverlauf zu glätten, wird für die Messdaten jeweils der Mittelwert über 50 aufeinanderfolgende Signale berechnet. Ohne die Mittelwertbildung könnte der Gradient der Drehzahländerung $\frac{dn_{VM}}{dt}$ nicht richtig ermittelt werden. Um den Einfluss der Rotationsträgheitsmomente auszuschließen, werden für die Wirkungsgradberechnung nur Werte verwendet, bei denen der Gradient der Drehzahländerung $\frac{dn_{VM}}{dt} < 5 \ U/min/s$ ist. Da der Wirkungsgrad bei niedrigen Leistungen schwierig zu ermitteln ist, werden aus dem geglätteten Signalverlauf außerdem alle Messwerte entfernt, bei denen die Antriebsdrehzahl $n_{VM} < 12 \ U/min$ und das Antriebsmoment $M_{VM} < 10 \ Nm$ ist.

Um herauszufinden, welche Größen Einfluss auf den Wirkungsgrad haben, werden lineare Regressionsanalysen zwischen η_{Diff} als Zielgröße und M_{VM}, n_{VM}, Δn_{HM} sowie T_{Diff} als Eingangsgrößen durchgeführt. In Bild 6.2 ist der aus den Messungen berechnete Wirkungsgrad über den geglätteten Messdaten aufgetragen. Die Größe $\Delta n_{HA,rel}$ ist die relative Abweichung des Betrags der Differenzdrehzahl an der Hinterachse bezogen auf die mittlere Drehzahl

$$n_{HA} = \frac{n_{HL} + n_{HR}}{2} \qquad (6.9)$$

an der Hinterachse:

$$\Delta n_{HA,rel} = \frac{|n_{HL} - n_{HR}|}{n_{HA}}. \qquad (6.10)$$

Die Anzahl der mit den oben genannten Einschränkungen übrig bleibenden Messwerte und die Ergebnisse aus den Regressionsanalysen sind in Tabelle 6.2 aufgelistet. Für die vorliegenden Messwerte stellt sich heraus, dass n_{VM} und $\Delta n_{HA,rel}$ einen

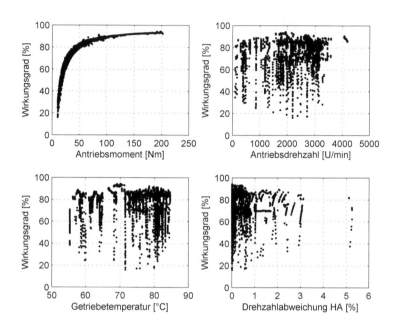

Bild 6.2: Gemessener Wirkungsgrad des Differentialgetriebes über den untersuchten Eingangsgrößen

vernachlässigbaren und T_{Diff} nahezu keinen Einfluss auf den Wirkungsgrad haben. Dies garantiert nicht, dass diese Größen tatsächlich keinen Einfluss auf η_{Diff} haben, sondern bedeutet, dass ein möglicher Zusammenhang aus den vorhandenen Messdaten nicht ermittelt werden kann. Der Einfluss des Drehmoments ist erwartungsgemäß stark ausgeprägt. Dieser Zusammenhang wird auch aus Bild 6.3 deutlich. Wegen dem direkten Zusammenhang zwischen Drehzahlen und Drehmomenten an Antrieb und Radmaschinen wird für letztere keine Regressionsanalyse durchgeführt.

Auch wenn für den Zusammenhang zwischen η_{Diff} und M_{VM} kein physikalisches Modell vorliegt, wird hier dennoch die Methode der kleinsten Fehlerquadrate auf eine gegebene Funktion angewendet. Zur Berechnung des Wirkungsgrades über dem Drehmoment wird eine stetig steigende Funktion benötigt, welche durch den Koordinatenursprung geht. Für eine gute Exrapolationsfähigkeit sollte sie sich außerdem bei großen Drehmomenten einem horizontalen Verlauf annähern. Die

Tabelle 6.2: Anzahl der verwendeten Messdaten und Korrelationskoeffizienten R zwischen η_{Diff} und den möglichen Einflussgrößen auf den Wirkungsgrad des Differentialgetriebes mit geglätteten und ungeglätteten Messdaten

	Rohdaten	geglättetes Signal
Anzahl Messdaten	3.735	9.946
Korrelationskoeffizienten:		
M_{VM}	0,64023	0,6904
n_{VM}	-0,059706	0,22278
$\Delta n_{HA,rel}$	-0,051302	-0,22082
T_{Diff}	0,036173	0,0058787

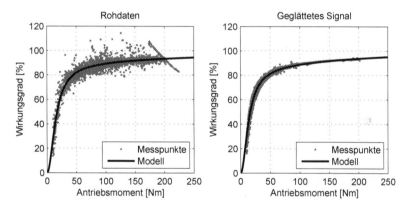

Bild 6.3: Wirkungsgrad des Differentialgetriebes in Abhängigkeit vom Antriebsmoment

folgende Gleichung erfüllt diese Anforderungen sehr gut, wenn alle Werte des Koeffizientenvektors $\mathbf{K} = \begin{bmatrix} K_1 & K_2 & K_3 \end{bmatrix}^T$ positiv sind.

$$\eta_{Diff}(M_{VM}) =$$
$$K_1 \cdot \frac{M_{VM}}{M_{VM} + k} + K_2 \cdot \frac{M_{VM}^2}{M_{VM}^2 + k} + K_3 \cdot \frac{M_{VM}^3}{M_{VM}^3 + k} \qquad (6.11)$$

Allerdings kann der Parameter k nicht durch Anwendung der Methode der kleinsten Fehlerquadrate ermittelt werden, da die Gleichung in diesem Parameter nicht linear ist. Durch Ausprobieren wird leicht ein geeigneter Wert für k gefunden, da die Methode der kleinsten Fehlerquadrate für sehr viele Werte von k zufriedenstellende

Ergebnisse liefert. Die Parameterschätzung wird mit einem anderen Wert für k wiederholt, wenn mindestens einer der Werte des Koeffizientenvektors $\mathbf{K}$ negativ ist. Wegen der fehlenden Messdaten für $M_{VM} < 10\ Nm$ liefert die Parameterschätzung für bestimmte Werte von k Ergebnisse, bei denen in diesem Momentenbereich negative Wirkungsgrade auftreten, wenn $\mathbf{K}$ negative Elemente enthält. Die Ergebnisse der Parameterschätzung sind in Tabelle 6.3 aufgelistet und in Bild 6.3 als durchgezogene Linien grafisch dargestellt. Der Vergleich der beiden Linien zeigt, dass die Parameterschätzung selbst für die ungeglätteten Signalverläufe ein zufriedenstellendes Ergebnis liefert.

Tabelle 6.3: Ergebnis der Parameterschätzung des Wirkungsgrades für das Differentialgetriebe mit geglätteten und ungeglätteten Messdaten für Gleichung 6.11

	Rohdaten	geglättetes Signal
k	250	200
K_1	0,1575	0,2377
K_2	0,8450	0,8006
K_3	0,0239	0,0316

Torsionsträgheitsmoment

Mit den vorliegenden Ergebnissen für i_{Diff} und η_{Diff} können weitere Parameter des Antriebsstrangs ermittelt werden. In der Momentenbilanz rotierender Teile

$$J \cdot \frac{d\omega}{dt} + d \cdot \omega + c \cdot \varphi = \sum_i M_i \qquad (6.12)$$

sind sämtliche relevanten Parameter von Antriebswellen enthalten. Da der Antriebsstrang aus mehreren rotierenden Teilen besteht, jedoch nicht für alle Wellen die Zustände an beiden Enden bekannt sind, können der Torsionswinkel φ und die Torsionswinkelgeschwindigkeit ω für die einzelnen Komponenten aus den vorhandenen Messdaten allerdings nicht richtig bestimmt werden. In Folge dessen können die Torsionssteifigkeiten c und die Torsionsdämpfungen d der einzelnen Wellen nicht ermittelt werden. Es kann aber für den gesamten Antriebsstrang ein Ersatz-Torsionsträgheitsmoment J_{Antr} ermittelt werden. Bezogen auf die Ableitung der Winkelgeschwindigkeit an der Antriebsseite

$$\frac{d\omega_{VM}}{dt} = \frac{2\pi}{60} \cdot \frac{dn_{VM}}{dt} \qquad (6.13)$$

lautet die Gleichung

$$J_{Antr} \cdot \frac{d\omega_{VM}}{dt} = M_{VM} \cdot \eta_{Diff} - \frac{2 \cdot M_{HA}}{i_{Diff}} \qquad (6.14)$$

mit

$$M_{HA} = \frac{M_{HL} + M_{HR}}{2} \qquad (6.15)$$

als mittlerem Moment an der Hinterachse. Dieser liegt die näherungsweise gültige Annahme zugrunde, dass es sich um einen steifen spielfreien Antriebsstrang handelt. Die Drehzahlunterschiede zwischen dem rechten und linken Hinterrad sind vernachlässigbar, da diese gering sind und sich über den gesamten Messdatensatz gegenseitig aufheben.

Um den Einfluss der höherfrequenten Schwingungen auf die Ermittlung der Winkelbeschleunigung zu eliminieren, werden für alle verwendeten Messwerte jeweils die Mittelwerte über 50 aufeinanderfolgende Messpunkte gebildet. Um den Einfluss von eventuell vorhandenem Getriebespiel und Torsionsschwingungen zu reduzieren, werden außerdem nur Messpunkte verwendet, die folgende Eigenschaften erfüllen: $M_{VM} > 180 \ Nm$, $n_{VM} > 10 \ U/min$ und $\frac{dn_{VM}}{dt} > 10 \ U/min/s$. Damit stehen noch 16.970 Messpunkte für die Parameterschätzung zur Verfügung. Das Ergebnis der Anwendung der Methode der kleinsten Fehlerquadrate auf Gleichung 6.14 lautet:

$$J_{Antr} = 0{,}2909 \ kg \cdot m^2.$$

Drehmomentverteilung an der Hinterachse

Da Achsdifferenziale in Fahrzeugen praktisch immer symmetrisch aufgebaut sind, ist das Drehmoment bei gleicher Drehzahl der beiden Räder stets nahezu identisch. Bei einem freilaufenden Differenzialgetriebe ist das Drehmoment auf beiden Abtriebsseiten auch bei unterschiedlichen Raddrehzahlen zumindest näherungsweise identisch. Zur Verbesserung der Fahrstabilität bei Geradeausfahrt und/oder in Kurvenfahrten werden auch voll oder teilweise sperrende Differenziale verbaut.

Bei Geradeausfahrt kann die Fahrstabilität dadurch verbessert werden, dass am langsamer drehenden Rad ein höheres Drehmoment anliegt als am schneller drehenden. Drehzahlunterschiede zwischen den angetriebenen Rädern bei Geradeausfahrt können beispielsweise durch unterschiedliche Haftbeiwerte zwischen Fahrbahn und Reifen entstehen. Im Extremfall kann das Differenzial durch Formschluss über eine geschaltete Klauenkupplung komplett gesperrt werden. Dies bedeutet, dass beide Raddrehzahlen identisch sind. Solche Differenziale kommen überwiegend bei Offroad-Fahrzeugen zum Einsatz. Üblich sind kraftschlüssige Differenziale, die eine Drehzahldifferenz zulassen. Bei Kurvenfahrten kann das Einlenkverhalten des Fahrzeugs dadurch verbessert werden, dass am kurvenäußeren und schneller drehenden Rad ein höheres Moment anliegt als am langsamer drehenden kurveninneren Rad.

Um das gewünschte Verhalten des Differenzials zu erzielen wurden zunächst verschiedene mechanische Lösungsansätze entwickelt. Das Sperrmoment ist entweder zum Reibmoment proportional oder von der Differenzdrehzahl abhängig. Ein momentenabhängiges Sperrverhalten kann durch Reiblamellen erzielt werden. Bei Drehzahlabhängigkeit des Sperrmomentes kommen sogenannte Visco-Sperrdifferenziale zum Einsatz, bei denen die Leistung über eine Flüssigkeit, in der Regel Öl, übertragen wird. In beiden Fällen erfolgt die Drehmomentübertragung vom schnelleren auf das langsamere Rad. Da das gewünschte Getriebeverhalten von der Fahrsituation abhängt, geht die Tendenz inzwischen zu Lösungen mit elektrohydraulischer oder elektromechanischer Ansteuerung. [14, 30, 71]

Beim untersuchten Differenzialgetriebe handelt es sich um eines ohne externe, z. B. elektrische, Eingriffsmöglichkeiten. Die aufgezeichneten Messdaten zeigen, dass die Drehmomentverteilung zwischen dem linken und rechten Hinterrad nicht gleich ist. Das bedeutet, dass es sich nicht um ein freilaufendes Differenzial handelt und es eine Drehmomentendifferenz

$$\Delta M_{HA} = M_{HL} - M_{HR} \neq 0 \qquad (6.16)$$

gibt. Die Analyse der Messdaten zeigt zunächst, dass ΔM_{HA} hauptsächlich von M_{HA} und der Differenz der Raddrehzahlen

$$\Delta n_{HA} = n_{HL} - n_{HR}. \qquad (6.17)$$

abhängt. Im Folgenden wird davon ausgegangen, dass das Differenzialgetriebe symmetrisches Verhalten zeigt und deshalb mit den Beträgen $|\Delta n_{HA}|$ und $|\Delta M_{HA}|$ gerechnet. In Bild 6.4 ist dieser Zusammenhang für vier ausgewählte Intervalle von Differenzdrehmomenten M_{HA} an der Hinterachse gezeigt. Einem sehr steilen Anstieg von $|\Delta M_{HA}|$ über $|\Delta n_{HA}|$ folgt ein Bereich, in dem $|\Delta M_{HA}|$ mit zunehmender Differenzdrehzahl leicht abfällt. Dabei ist $|\Delta M_{HA}|$ für konstante $|\Delta n_{HA}|$ annähernd proportional zu M_{HA}, wie aus Bild 6.5 deutlich wird. Daraus kann geschlossen werden, dass es sich bei dem Prüfling um ein drehmomentfühlendes Achsgetriebe handelt. Ein physikalisches Modell in Form mathematischer Gleichungen kann für diesen Zusammenhang nicht erstellt werden. Aus diesem Grund wird $|\Delta M_{HA}|$ in

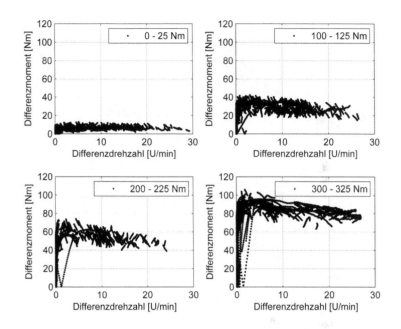

Bild 6.4: Differenzdrehmomente $|\Delta M_{HA}|$ in Abhängigkeit von der Differenzdrehzahl $|\Delta n_{HA}|$ für konstante Hinterachsmomente M_{HA}

Abhängigkeit von M_{HA} und $|\Delta n_{HA}|$ durch ein künstliches neuronales Netz abgebildet.

Für das Training des KNN werden nur Messdaten mit $n_{HA} > 1 \; U/min$ und $M_{HA} > 1 \; Nm$ verwendet. In verschiedenen Trainingsdurchläufen mit unterschiedlichen Optimierungsalgorithmen stellt sich heraus, dass der LMA für ein KNN mit einer verborgenen Schicht und vier verborgenen Neuronen und $|\Delta n_{HA}| > 0,2 \; U/min$ sehr gute Ergebnisse liefert. Noch kleinere Differenzdrehzahlen können nicht gut abgebildet werden, da die Messdaten in diesem Bereich extrem stark streuen (siehe Bild 6.4). Außerdem gilt die Randbedingung, dass für $\Delta n_{HA} = 0$ auch $\Delta M_{HA} = 0$ sein muss. Der Differenzdrehzahlbereich $0 \leq |\Delta n_{HA}| < 0,2$ wird deshalb durch lineare Interpolation zwischen der Koordinatenachse und dem KNN dargestellt. Der Ausgang ΔM_{HA} des KNN für $0 \leq M_{HA} \leq 400$ und $0,2 \leq \Delta n_{HA} \leq 40$ ist in Bild 6.6 dargestellt. Es zeigt sich, dass das KNN ein relativ gutes Extrapolationsverhalten besitzt, da die für das Training verwendeten Messdaten nur den in Bild 6.7 abgebildeten Bereich abdecken.

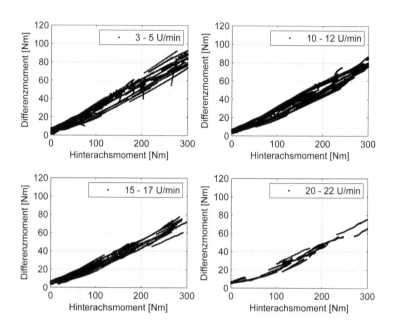

Bild 6.5: Differenzdrehmomente $|\Delta M_{HA}|$ in Abhängigkeit von Hinterachsmoment M_{HA} für konstante Differenzdrehzahlen $|\Delta n_{HA}|$

Für die Modellerstellung wird für Differenzdrehzahlen zwischen 0,2 und 30 U/min und Hinterachsmomente bis 350 Nm der Ausgang des KNN unverändert übernommen. Um sicherzustellen, dass das Modell auch für größere Differenzdrehzahlen brauchbare Werte liefert, wird für diese der Wert von ΔM_{HA} ausgegeben, der einer Differenzdrehzahl von 30 U/min entspricht. Außerdem wird für Antriebsmomente größer als 350 Nm das Differenzmoment proportional zum Antriebsmoment linear extrapoliert. Es sind also außerhalb des durch das KNN abgedeckten Bereichs die in Tabelle 6.4 aufgelisteten fünf Fälle zu unterscheiden. Außerdem gilt:

$$\alpha_N = \begin{cases} 1 & \text{wenn } 0{,}2 \leq \Delta n_{HA} \leq 30 \ \& \ M_{HA} \leq 350 \\ \dfrac{\Delta n_{HA}}{0{,}2} & \text{wenn } \Delta n_{HA} < 0{,}2 \ \& \ M_{HA} \leq 350 \\ 0 & \text{für alle anderen Fälle} \end{cases}.$$

Damit kann ΔM_{HA} unter Anwendung des in Kapitel 5.5.4 beschriebenen Verfahrens auch für Eingangsgrößen außerhalb des durch die Messdaten abgedeckten Bereichs näherungsweise ermittelt werden.

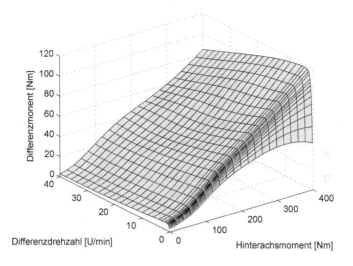

Bild 6.6: Neuronales Netz mit einer verborgenen Schicht und vier verborgenen Neuronen für $0 \leq M_{HA} \leq 400$ und $0{,}2 \leq \Delta n_{HA} \leq 40$

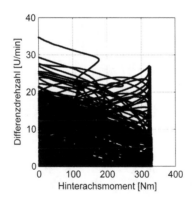

Bild 6.7: Bereichsabdeckung der Trainingsdaten des neuronalen Netzes

Fazit

Aus den Messdaten einer relativ kurzen Simulatorfahrt von etwa einer halben Stunde können die wesentlichen Parameter des Antriebsstrangs geschätzt werden. Damit

Tabelle 6.4: Ersatzmodelle $y_{M,E}$ in Abhängigkeit von M_{HA} und n_{HA}

$y_{M,E}(M_{HA}, \Delta n_{HA}) =$	Bedingung
$y_{M,N}(M_{HA}, 0{,}2)$	$\Delta n_{HA} < 0{,}2$ & $M_{HA} \leq 350$
$y_{M,N}(M_{HA}, 30)$	$\Delta n_{HA} > 30$ & $M_{HA} \leq 350$
$\dfrac{M_{HA}}{350} \cdot y_{M,N}(350, 0{,}2)$	$\Delta n_{HA} < 0{,}2$ & $M_{HA} > 350$
$\dfrac{M_{HA}}{350} \cdot y_{M,N}(350, \Delta n_{HA})$	$0{,}2 \leq \Delta n_{HA} \leq 30$ & $M_{HA} > 350$
$\dfrac{M_{HA}}{350} \cdot y_{M,N}(350, 30)$	$\Delta n_{HA} > 30$ & $M_{HA} > 350$

ist es möglich ein Modell des Antriebsstrangs zu erstellen, welches die für eine Fahrzeugsimulation gängigen Eingangsgrößen Fahrpedalwinkel α und Raddrehzahlen n_{HL} bzw. n_{HR} hat und als Ausgangsgrößen die Raddrehmomente M_{HL} bzw. M_{HR} liefert. Außerdem wird der Getriebewirkungsgrad η_{Diff} in Abhängigkeit vom Motormoment M_{VM} und bei instationären Zuständen das Rotationsträgheitsmoment J_{Antr} berücksichtigt.

6.2 Antrieb eines Elektrofahrzeugs mit PMSM

Das elektrische Drehmoment einer PMSM mit Reluktanzeinflüssen wird in gängigen Modellen [61] mit der Gleichung

$$M_{El} = \frac{3}{2} \cdot Z_p \cdot (\Psi_{PM} \cdot I_q + (L_d - L_q) \cdot I_d \cdot I_q). \qquad (6.18)$$

berechnet. Dabei ist:
Z_p: Polpaarzahl
Ψ_{PM}:   Magnetischer Fluss der Permanentmagnete
I_d: Statorstrom längs der magnetischen Flussrichtung
I_q: Statorstrom senkrecht zur magnetischen Flussrichtung
L_d: Statorinduktivität längs der magnetischen Flussrichtung
L_q: Statorinduktivität senkrecht zur magnetischen Flussrichtung

Aus I_d und I_q kann der Batteriestrom berechnet werden:

$$I_{Batt} = \sqrt{I_d^2 + I_q^2} \tag{6.19}$$

Abhängig von der Drehzahl werden PMSM in der Regel entweder im Ankerstellbereich oder im Feldschwächebereich betrieben. Der Strom I_d kann dabei in Abhängigkeit vom Strom I_q dargestellt werden. Im Ankerstellbereich, mit der Stromaufteilung für maximales Moment pro Ampere (MMPA), gilt:

$$I_d = -\frac{\Psi_{PM}}{2 \cdot (L_d - L_q)} - \sqrt{\frac{\Psi_{PM}^2}{4 \cdot (L_d - L_q)^2} + I_q^2}. \tag{6.20}$$

Im Feldschwächebereich gilt mit der für den Feldaufbau zur Verfügung stehenden Spannung U_{FA} und der elektrischen Winkelgeschwindigkeit ω_{el}:

$$I_d = -\frac{\Psi_{PM}}{L_d} \pm \frac{1}{L_d} \cdot \sqrt{\left(\frac{U_{FA}}{\omega_{el}}\right)^2 + (L_q \cdot I_q)^2}. \tag{6.21}$$

Aus U_{Batt}, dem maximal zulässigen Gleichstrom $I_{1,max}$ und dem Statorwiderstand R_S kann U_{FA} berechnet werden:

$$U_{FA} = U_{Batt} - R_S \cdot I_{1,max}. \tag{6.22}$$

Die elektrische Winkelgeschwindigkeit ist das Produkt aus der mechanischen Winkelgeschwindigkeit ω_{mech} und Z_p:

$$\omega_{el} = Z_p \cdot \omega_{mech}. \tag{6.23}$$

Aus den vorgestellten Gleichungen 6.18 bis 6.23 wird deutlich, dass es kaum möglich ist, ein in den Parametern lineares Gleichungssystem aufzustellen, anhand dessen wie in Kapitel 5.4 beschrieben die Modellparameter Z_p, Ψ_{PM}, R_S, L_d und L_q der PMSM mit der Methode der kleinsten Fehlerquadrate ermittelt werden können. Hinzu kommt, dass die Ströme I_d und I_q nicht direkt gemessen, sondern nur unter Kenntnis der elektrischen Winkelposition φ_{el} der Maschine und der einzelnen Strangströme I_a, I_b und I_c im Drehstromkreis durch folgende Transformation errechnet werden können:

$$\begin{bmatrix} I_d \\ I_q \end{bmatrix} = \frac{3}{2} \cdot \begin{bmatrix} \cos\varphi_{el} & -\sin\varphi_{el} \\ \cos(\varphi_{el} - 120°) & -\sin(\varphi_{el} - 120°) \\ \cos(\varphi_{el} + 120°) & -\sin(\varphi_{el} + 120°) \end{bmatrix}^T \cdot \begin{bmatrix} I_a \\ I_b \\ I_c \end{bmatrix}. \tag{6.24}$$

Da die verschiedenen Parameter des Modells einer PMSM anhand von Messdaten schwierig zu ermitteln sind, kommt an dieser Stelle das in Kapitel 5.5 vorgestellte Verfahren der künstlichen neuronalen Netze in Kombination mit Kennfeldern zum Einsatz. Das auf diese Weise erstellte Modell umfasst dabei die Leistungselektronik und die elektrische Antriebsmaschine. Bei der Leistungselektronik handelt es sich um Bipolartransistoren mit isolierter Gate-Elektrode (englisch: Insulated-Gate Bipolar Transistor, IGBT) und deren Ansteuerung. Über sie wird die Umwandlung zwischen der Gleichspannung der Batterie und der Drehspannung der PMSM realisiert.

Als Eingangsgrößen des Modells werden die Fahrpedalposition α, der Wert für Kickdown kd, der Bremsdruck p_B, die Fahrzeuggeschwindigkeit v sowie die Batteriespannung U_{Batt} verwendet. Der Bremsdruck wird benötigt, wenn beim Bremsen abhängig von der Bremspedalbetätigung rekuperiert wird. In der Regel wird dabei nur ein Teil der Bewegungsenergie in elektrische Energie umgewandelt. Der restliche Teil wird über die mechanische Bremse in Wärme umgewandelt. Der Grund für die Wahl von v anstelle der Motordrehzahl als Eingangsgröße ist, dass die Motordrehzahl des Messfahrzeugs nicht bekannt ist. Ausgangsgrößen sind der Batteriestrom I_{Batt} und das an den Radnaben anliegende mechanische Drehmoment M_{mech} (siehe Bild 6.8).

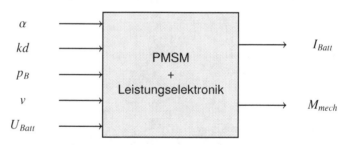

Bild 6.8: Black-Box-Modell der permanenterregten Synchronmaschine mit IGBT-Leistungselektronik

Die für das Training der KNNs verwendeten Messdaten stammen von einem Smart fortwo electric drive. Die Datenaufzeichnung erfolgt mit den in Tabelle 6.5 enthaltenen Frequenzen über einen CAN-Bus. Für die Erzeugung der Trainingsdatensätze der KNNs werden die Signale in 0,1-Sekunden-Schritten interpoliert.

Tabelle 6.5: Frequenzen der Datenaufzeichnung und Interpolationsmethoden

Messgröße	Frequenz [Hz]	Interpolationsmethode
α	50	linear
kd	50	nearest
p_B	50	linear
v	50	linear
U_{Batt}	10	linear
I_{Batt}	10	linear
M_{mech}	100	linear

6.2.1 Modellierung des elektrischen Stroms auf der Gleichstromseite der Leistungselektronik

Da die Eingangsgrößen des Modells und der Batteriestrom permanent aufgezeichnet werden, steht für die Modellerstellung ein besonders großer Datensatz zur Verfügung. Der für die Modellerstellung ausgewählte Datensatz umfasst eine Gesamtstrecke von 3.817 Kilometern bei einer Gesamtfahrzeit von 81 Stunden.

In Bild 6.9 sind die zeitlichen Anteile der Pedalbetätigungen und der Geschwindigkeit in den Messdaten dargestellt. Besonders auffällig ist der niedrige Anteil der Kickdown-Betätigung von weniger als 1 % der Zeit. In Bild 6.10 sind die Häufigkeitsverteilungen der Eingangsgrößen Fahrpedal, Bremspedal, Geschwindigkeit und Batteriespannung dargestellt. Für die Pedale werden nur jene Werte berücksichtigt, bei welchen das jeweilige Pedal betätigt ist. Das Geschwindigkeitshistogramm enthält nur Werte, bei denen das Fahrzeug in Bewegung ist. Die Häufigkeitsverteilung des Motorstroms ist in Bild 6.11 gezeigt. Die in den Messdaten enthaltenen Stromstärken enthalten Werte bis zu $-200\ A$. Da Entladeströme unterhalb von etwa $-100\ A$ nur bei betätigtem Kickdown auftreten, ist ihr Anteil so gering, dass sie im Histogramm kaum zu erkennen sind.

Einen Überblick über den Einfluss der Geschwindigkeit über die Pedalbetätigung geben die Punktewolken in Bild 6.12. Aus diesen Darstellungen sind bereits einige Informationen abzulesen. Aus dem linken oberen Bild ist ersichtlich, dass der Antrieb auch bei betätigtem Fahrpedal rekuperiert. Der obere Rand der Punktewolke ist der Bereich, in dem das Fahrpedal leicht durchgedrückt ist, der untere Rand ist der Bereich mit ganz durchgedrücktem Fahrpedal, jedoch ohne Kickdownbetätigung. Ab einer Geschwindigkeit oberhalb von etwa $30\ km/h$ steigt der

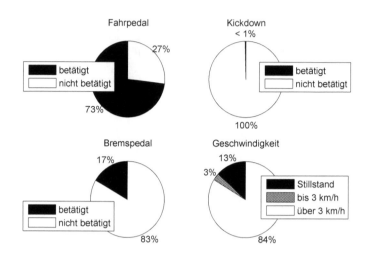

Bild 6.9: Zeitliche Anteile der Pedalbetätigungen und der Geschwindigkeit

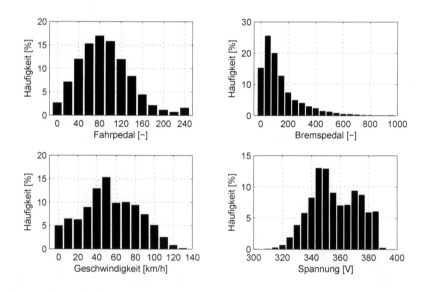

Bild 6.10: Häufigkeitsverteilungen der Eingangsgrößen Fahrpedal, Bremspedal, Geschwindigkeit und Batteriespannung

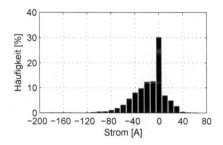

Bild 6.11: Häufigkeitsverteilung der Ausgangsgröße Batteriestrom

Strom nicht weiter an, was darauf schließen lässt, dass hier der Übergang in den Feldschwächebereich liegt. Im rechten oberen Bild steigt der Entladestrom bis etwa 50 km/h an. Der Übergang in den Feldschwächebereich liegt hier also bei höherer Drehzahl. Der trotz betätigtem Kickdown nach oben zeigende Verlauf der Punktewolke bei Geschwindigkeiten über 120 km/h zeigt, dass die Maximalgeschwindigkeit des Fahrzeugs elektronisch abgeregelt ist. Die beiden unteren Bilder zeigen den sich aus der Rekuperation von kinetischer in elektrische Energie resultierenden Strom vom Elektromotor in die Batterie bzw. zu den anderen Hochvoltverbrauchern. Bei betätigter Bremse ist der Rekuperationsstrom höher als bei unbetätigter Bremse. Auf diese Weise muss beim Bremsen weniger kinetische Energie durch die mechanische Bremse umgewandelt werden.

In allen vier Bildern gibt es Bereiche mit sichtbar weniger starker Abdeckung sowie einzelne Punkte, die ungewöhnlich weit von der Punktewolke entfernt liegen. Unter der Annahme, dass alle relevanten Eingangsgrößen berücksichtigt werden, resultieren diese Ausreißer entweder aus dem Messrauschen oder aus dem dynamischen Verhalten des Systems, d. h. wenn es insbesondere bei Lastwechseln eine kurze Zeit dauert, bis sich ein stabiler Strom einstellt. Im rechten unteren Bild ist außerdem erkennbar, dass es bei Geschwindigkeiten oberhalb von etwa 90 km/h nur wenige Messpunkte mit Bremspedalbetätigung gibt. Eine genaue Aussage über die Häufigkeitsverteilung der einzelnen Pedalbetätigungen über der Geschwindigkeit kann aus der Abbildung nicht abgelesen werden. Diese ist in Bild 6.13 dargestellt. Die angegebenen Häufigkeitswerte beziehen sich auf den Anteil am gesamten Datensatz.

Die oben genannten Betrachtungen helfen dabei, die Plausibilität der Messdaten zu beurteilen und den Einfluss verschiedener Eingangsgrößen auf die Zielgröße abzuschätzen. Letzendlich sind dadurch jedoch überwiegend qualitative Aussagen

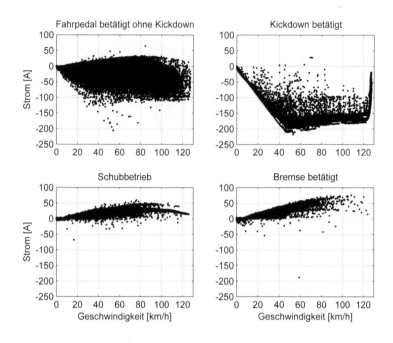

Bild 6.12: Verteilung des Batteriestroms über der Geschwindigkeit in Abhängigkeit von der Pedalbetätigung

möglich. Der Einsatz von KNNs bietet die Möglichkeit, mit den vorhandenen Kenntnissen über die Systemstruktur ein quantitatives Modell des Systems zu erstellen. Für die Modellierung des Zusammenhangs zwischen den betrachteten Eingangsgrößen und dem Strom werden zwei unterschiedliche Strategien angewendet:

- Alle vorhandenen Messdaten werden ohne weitere Behandlung für das Training eines einzelnen KNNs verwendet.

- Der Datensatz wird in einen Teil mit betätigtem Bremspedal und einen Teil mit nicht betätigtem Bremspedal aufgeteilt. Aus den beiden Datensätzen werden zwei KNNs erstellt, von denen eines die Eingangsgrößen α, kd, v und U_{Batt}, das andere die Eingangsgrößen p_B, v und U_{Batt} hat. Die beiden KNNs werden zu einem Gesamtmodell zusammengefügt, indem für Eingangssignale ohne Bremspedalbetätigung der Ausgang des ersten und für Eingangssignale mit Bremspedalbetätigung der Ausgang des zweiten KNNs verwendet wird.

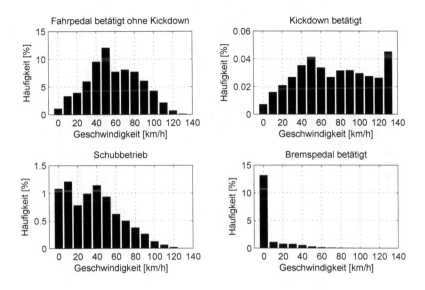

Bild 6.13: Verteilung der Pedalbetätigung über der Geschwindigkeit

Die Vorgehensweise der zweiten Strategie setzt voraus, dass Fahrpedal und Brems-pedal nicht gleichzeitig betätigt werden, was im normalen Fahrbetrieb auch der Fall ist. Gegenüber der ersten Variante hat dies den Vorteil, dass sich die Zahl der Eingangsgrößen von fünf auf vier bzw. drei reduziert. Dadurch wird die erforderliche Komplexität der KNNs verringert, sodass diese mit weniger Neuronen auskommen müssen. Nachteilig ist, dass durch die Aufteilung des Datensatzes weniger Trainingsdaten für die einzelnen KNNs zu Verfügung stehen.

Innerhalb zwei der genannten, grundsätzlich unterschiedlichen Strategien werden noch weitere Variationen des Aufbaus der KNNs untersucht, wozu insbesondere die Anzahl der Neuronen und die Anzahl der Schichten zählen. Außerdem werden für manche Trainingsdurchläufe nur bestimmte Teile des Datensatzes verwendet. Für jede der betrachteten Größen der KNNs wird der Trainingsprozess fünfmal wiederholt, um die Einflüsse der zufällig ausgewählten Startbedingungen und Aufteilungen des Trainingsdatensatz zu verringern. Im Folgenden werden die daraus resultierenden Ergebnisse vorgestellt.

Zuerst werden die Trainingsdurchläufe für KNNs mit einer und zwei Schichten durchgeführt, in denen alle vorhandenen Messdaten gleichermaßen in den Trainingsdaten verwendet werden. In Bild 6.14 und Bild 6.15 werden für die fünf

Trainingsdurchläufe der jeweiligen KNNs die Maximal-, Durchschnitts- und Minimalwerte der Performance und der Regression dargestellt.

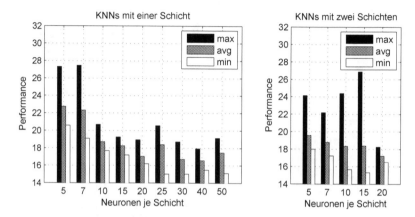

Bild 6.14: Performance der KNNs für verschiedene Größen unter Verwendung des gesamten Trainingsdatensatzes

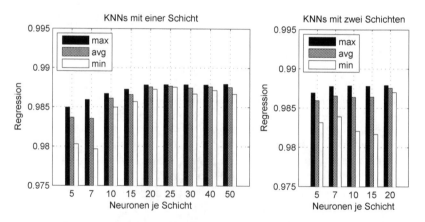

Bild 6.15: Regressionsanalyse der KNNs für verschiedene Größen unter Verwendung des gesamten Trainingsdatensatzes

Die relativ schlechten Ergebnisse für die KNNs mit wenigen Neuronen kommen daher, dass bei diesen der Einfluss der Kickdownbetätigung auf den Strom nur schlecht oder teilweise gar nicht erkannt wird. Die Gründe hierfür sind der geringe zeitliche Anteil der Kickdownbetätigung im Datensatz und die Tatsache, dass es sich bei diesem nicht um eine kontinuierliche, sondern um eine diskrete Größe handelt. Für die KNNs mit einer Schicht zeigt sich, dass ab einer Anzahl von 25 Neuronen keine weitere Verbesserung sowohl für die Performance als auch die Regression zwischen Trainingsdatensatz und KNN mehr erzielt wird. Als Kriterium für diese Beurteilung zählt jeweils der Minimalwert der Performance und der Maximalwert der Regression. Die KNNs mit einer zweiten Schicht zeigen keine Verbesserung gegenüber denen mit einer Schicht. Lediglich die beste Performance mit 15 Neuronen je Schicht kommt in die Nähe des besten Ergebnisses bei den KNNs mit einer Schicht.

Aus den Messdaten kann ermittelt werden, dass bei stehendem Fahrzeug und betätigter Bremse der Strom nahe null liegt (siehe Bild 6.16). Mit diesem Wissen werden KNNs erstellt, für welche alle Punkte aus dem Trainingsdatensatz entfernt wurden, bei denen bei stehendem Fahrzeug die Bremse betätigt ist. Auf diese Weise bekommen die verbleibenden Messdaten im Trainingsdatensatz eine höhere Gewichtung, sodass für diese leichter eine verbesserte Übereinstimmung des KNNs mit dem zu modellierenden System zu erwarten ist. Der bekannte Zusammenhang zwischen Eingangsgrößen und Strom für die nicht mehr im Trainingsdatensatz enthaltenen Messdaten wird bei der Modellerstellung nachträglich berücksichtigt, indem für Geschwindigkeiten kleiner als $2\,km/h$ der Ausgang des KNNs mittels des in Kapitel 5.5.4 vorgestellten Verfahrens für unvollständige Datensätze modifiziert wird. Für Gleichung 5.19 gilt dann:

$$y_{M,E} = y_{M,N}\left(\alpha, kd, p_B, v = 2, U_{Batt}\right)$$

und

$$\alpha_N = \begin{cases} 1 & \text{wenn } p_B = 0 \mid v \geq 2 \\ \frac{v}{2} & \text{wenn } p_B > 0 \ \& \ v < 2 \end{cases}.$$

Für diesen Fall werden nur noch KNNs mit einer verborgenen Schicht betrachtet, welche zwischen 15 und 40 Neuronen enthält. Die Ergebnisse der Performance und Regressionsanalyse sind in Bild 6.17 dargestellt. Auch hier wird deutlich, dass ab einer Anzahl von 25 Neuronen die besten Ergebnisse erzielt werden.

Als nächstes wird der Datensatz aufgeteilt und zwei getrennte KNNs für Messdaten mit betätigtem Bremspedal und Messdaten mit nicht betätigtem Bremspedal werden erstellt.

In Bild 6.18 sind die Ergebnisse für KNNs aus Messdaten ohne betätigtes Bremspedal dargestellt. Da diese KNNs nur noch die vier Eingangsgrößen α, kd, v und

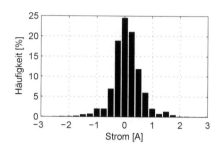

Bild 6.16: Häufigkeitsverteilung des Batteriestroms bei stehendem Fahrzeug und betätigter Bremse

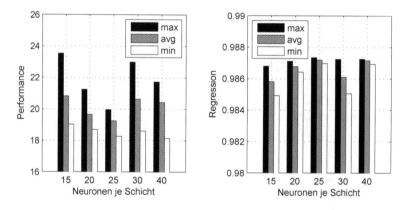

Bild 6.17: Performance und Regressionsanalyse der KNNs ohne Punkte mit bei stehendem Fahrzeug betätigter Bremse im Trainingsdatensatz

U_{Batt} haben, ist bereits ab etwa 20 Neuronen je Schicht keine Verbesserung der Performance mehr zu erreichen.

In Bild 6.19 und Bild 6.20 werden für den restlichen Datensatz KNNs mit den drei Eingangsgrößen p_B, v und U_{Batt} erstellt. Im ersten Fall sind die Punkte mit stehendem Fahrzeug im Trainingsdatensatz enthalten, im zweiten werden diese weggelassen. Die KNNs mit den im Stillstand aufgezeichneten Messdaten erreichen die beste Performance erst ab etwa 25 Neuronen je Schicht. Dagegen wird bei den KNNs ohne Stillstand bereits ab 10 Neuronen je Schicht keine weitere Verbesserung der Performance mehr erreicht.

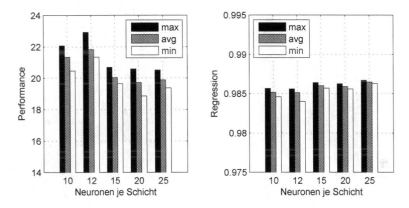

Bild 6.18: Performance und Regressionsanalyse der KNNs ohne Punkte mit betätigter Bremse im Trainingsdatensatz

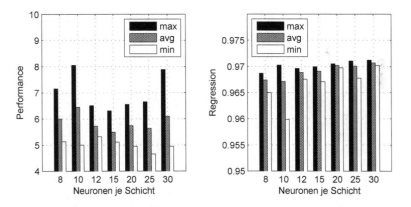

Bild 6.19: Performance und Regressionsanalyse der KNNs der Punkte mit betätigter Bremse im Trainingsdatensatz

Da die einzelnen KNNs mit unterschiedlichen Trainingsdatensätzen erstellt werden, können die Beträge der Performance- und Regressionswerte nicht direkt miteinander verglichen werden. Um festzustellen, welche Strategie bei der Erstellung der KNNs das beste Ergebnis liefert, werden im Folgenden aus den verschiedenen KNNs Modelle erstellt und deren Ausgangsgrößen mit den Messdatenaufzeichnungen einer weiteren Fahrt verglichen, welche nicht im Trainingsdatensatz enthalten ist. Hierfür werden aus allen erstellten KNNs fünf mit den zum jeweiligen Trai-

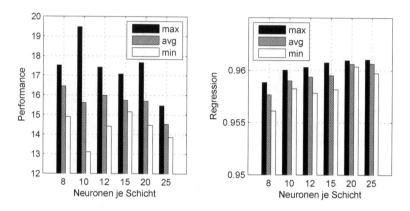

Bild 6.20: Performance und Regressionsanalyse der KNNs der Punkte mit bei bewegtem Fahrzeug betätigter Bremse im Trainingsdatensatz

ningsdatensatz besten Performancewerten ausgewählt. Folgende Auflistung gibt die Bezeichnung der KNNs in Abhängigkeit vom Trainingsdatensatz an:

• KNN 1: Alle Messdaten.

• KNN 2: Nur Messdaten ohne Fahrzeugstillstand.

• KNN 3: Nur Messdaten ohne Bremspedalbetätigung.

• KNN 4: Nur Messdaten mit Bremspedalbetätigung.

• KNN 5: Nur Messdaten mit Bremspedalbetätigung und ohne Fahrzeugstillstand.

Aus diesen KNNs werden vier Modelle erstellt, welche sich aus folgenden KNNs zusammensetzen:

• Modell 1: KNN 1.

• Modell 2: KNN 2 und Expertenwissen.

• Modell 3: KNN 3 und KNN 4.

• Modell 4: KNN 3, KNN 5 und Expertenwissen.

Da in den für die Modelle 2 und 4 verwendeten Datensätzen die Messpunkte mit bei stehendem Fahrzeug betätigter Bremse fehlen, wird hier Expertenwissen bei der Modellerstellung berücksichtigt. Dieses ist der bekannte und bereits erwähnte Umstand, dass bei stehendem Fahrzeug und betätigter Bremse der elektrische Strom näherungsweise null ist.

In Bild 6.21 werden die Performance und die Regressionsanalyse der vier Modelle bezogen auf die Referenzmessung verglichen. Alle vier Modelle liegen sehr nahe beieinander. Das beste Ergebnis nach beiden Kriterien wird von Modell 2 erzielt. Die Erstellung von KNNs nach Aufteilung des Trainingsdatensatzes in Messdaten mit und ohne Bremspedalbetätigung bringt keine Verbesserung der Modellgenauigkeit. Jedoch führt die Einbeziehung des Expertenwissens in Modell 2 zu einer sichtbaren Reduzierung der Abweichung zwischen Modell und Messdaten.

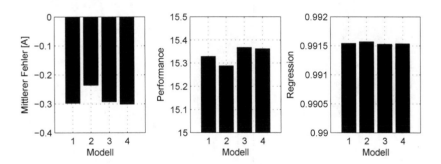

Bild 6.21: Mittlerer Fehler, Performance und Regressionsanalyse der vier verschiedenen Modelle in Bezug auf die Referenzfahrt

6.2.2 Modellierung des Antriebsmomentes an den Radnaben

In diesem Abschnitt wird die Modellierung des Drehmomentes an den Naben der Antriebsräder erläutert. Die Eingangsgrößen des Modells sind in diesem Fall α, kd, p_B und v. Ausgangsgröße ist die Summe der beiden Drehmomente M_{HL} und M_{HR}. Auch hier wird der Zusammenhang zwischen Eingangsgrößen und Zielgröße aus den oben genannten Gründen wieder über ein KNN dargestellt.

Die Summe der gemessenen Radnabenmomente in Abhängigkeit von der Pedalbetätigung über der Geschwindigkeit zeigt Bild 6.22 als Punktwolken. Wie schon beim Strom sind die Rekuperation bei Fahrpedalbetätigung, die Übergänge in den

Feldschwächebereich und die Reduzierung der Leistung bei hoher Geschwindigkeit deutlich erkennbar. Die Verteilung der Summe der Radnabenmomente ist in Bild 6.23 dargestellt. Der kleinere Scheitelwert bei −200 *Nm* resultiert aus dem Bremsmoment durch die Rekuperation kinetischer Energie im Schubbetrieb.

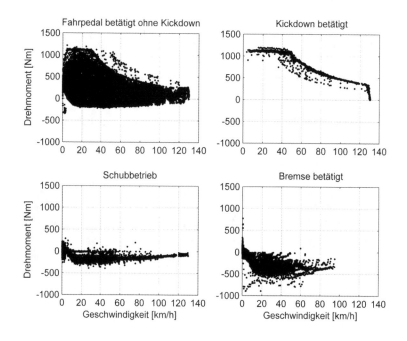

Bild 6.22: Punktewolken der Summe der Radnabenmomente in Abhängigkeit von der Pedalbetätigung

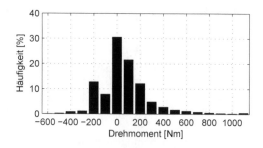

Bild 6.23: Histogramm der Summe der Radnabenmomente

Aus den Messdaten werden für den Trainingsdatensatz alle Punkte entfernt, welche bei stehendem Fahrzeug und gleichzeitiger Betätigung des Bremspedals aufgezeichnet wurden. In Bild 6.24 sind die Ergebnisse der Trainingsdurchläufe für KNNs unterschiedlicher Größe dargestellt. Die beste Performance mit einem Wert von 1.745 liefert ein KNN mit einer Schicht mit 25 Neuronen. Ein ähnlich guter Wert wird von einem KNN mit 12 Neuronen erzielt.

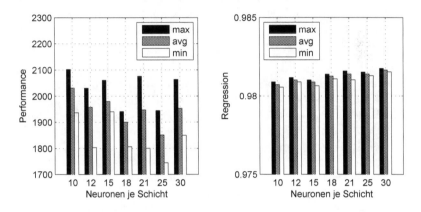

Bild 6.24: Performance und Regressionsanalyse der verschieden großen KNNs

Für die Erstellung des Ersatzmodells wird, wie bereits bei der Modellierung des Batteriestroms, auch das Drehmoment für $v < 2\,km/h$ entsprechend dem in Kapitel 5.5.4 vorgestellten Verfahren mit

$$y_{M,E} = y_{M,N}\,(\alpha, kd, p_B, v = 2)$$

und

$$\alpha_N = \begin{cases} 1 & \text{wenn } p_B = 0 \mid v \geq 2 \\ \frac{v}{2} & \text{wenn } p_B > 0 \ \& \ v < 2 \end{cases}$$

modifiziert.

Zur Kontrolle wird das KNN mit den Messdaten aus einer Referenzfahrt verglichen, welche nicht im Trainingsdatensatz enthalten ist. Hierfür ergibt sich ein mittlerer Fehler von $-2{,}0694\,Nm$, eine Performance von 1.654 und eine Regression von 0,9765. Dass die Ergebnisse gleich oder sogar etwas besser sind als die aus dem Trainingsdatensatz, zeigt, dass das KNN das System gut abbildet.

6.3 Batteriemodell

Als letzte wichtige Komponente des vorhandenen Antriebsstrangs wird die Modellierung der Hochvoltbatterie vorgestellt. Batterien werden in der Regel als Spannungsquelle dargestellt. Bei den einfachsten Modellen besteht die Batterie aus einer Konstantspannungsquelle mit der Spannung U_0 und einem konstanten Innenwiderstand R_i. Die Spannung U_0 ist die Summe der an den Polen anliegenden Spannung U_{Batt} und der vom Batteriestrom I_{Batt} abhängigen Spannung am Innenwiderstand.

$$U_0 = U_{Batt} + R_i \cdot I_{Batt} \tag{6.25}$$

Darüber hinaus existieren noch zahlreiche weitere Batteriemodelle unterschiedlichen Detailierungsgrades [17, 18]. In [16] wird die Systemidentifikation einer Ni-MH-Batterie mittels eines dynamischen neuronalen Netzes vorgestellt. Komplexere Modelle berücksichtigen darüber hinaus den Alterungszustand SoH (State of Health) einzelner Zellen und des gesamten Batteriepacks [34, 35].

Bei gängigen Batteriemodellen dient der Strom I_{Batt} als Eingangsgröße und die Spannung U_{Batt} als Ausgangsgröße. Da eine Batterie ein endlich großer Energiespeicher ist, muss neben I_{Batt} mindestens die Kapazität C und der Ladezustand SoC der Batterie im Modell berücksichtigt werden.

An dieser Stelle wird für die Li-Ionen-Batterie des Smart ED ein statisches KNN verwendet. Im Folgenden wird die Erstellung eines Batteriemodells aus Messdaten erläutert, welches aus einem Klemmenspannungsmodell

$$U_{Batt} = f(I_{Batt}, SoC)$$

und einem SoC-Modell

$$SoC = f(I_{Batt}, C, SoC_{Start})$$

besteht (siehe Bild 6.25). Ein negativer Strom bedeutet, dass die Batterie elektrische Leistung abgibt. Die Größe SoC_{Start} gibt den Ladezustand der Batterie beim Simulationsstart an.

Die Kapazität kann aus den Messdaten aus der Differenz von SoC_{Start} und dem Ladezustand am Ende einer Fahrt SoC_{Ende}, sowie dem Integral des während der Fahrt geflossenen Batteriestroms berechnet werden.

$$C = \frac{1}{SoC_{Start} - SoC_{Ende}} \cdot \int_{Start}^{Ende} I_{Batt} dt \tag{6.26}$$

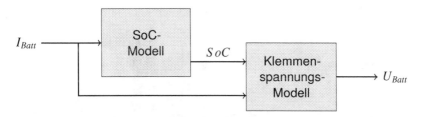

Bild 6.25: Batteriemodell als Blockschaltbild

Die Ermittlung der Kapazität ist genauer, wenn mehrere Messungen mit möglichst großer Differenz zwischen SoC_{Start} und SoC_{Ende} verwendet werden und der Mittelwert der Ergebnisse gebildet wird.

Bei bekannter Kapazität und festgelegtem SoC_{Start} kann der SoC durch Integration des Batteriestroms über der Zeit berechnet werden:

$$SoC = SoC_{Start} + \frac{1}{C} \cdot \int I_{Batt} dt. \tag{6.27}$$

Für die Erstellung des Klemmenspannungsmodells werden die selben Messungen verwendet wie bei der Modellierung des Motorstroms. Die Verteilung des SoC in den Messdaten ist in Bild 6.26 dargestellt. In den vorhandenen Messdaten ist der Bereich extrem niedriger SoCs nicht stark repräsentiert. In diesem Bereich würde die Batteriespannung rapide abfallen. Bei Tiefentladung der Batterie wird jedoch deren Lebensdauer stark reduziert. Im Extremfall ist bei vollständiger Entladung die Zerstörung der Batterie möglich. Aus diesem Grund wird im Rahmen dieser Arbeit auf die Aufzeichnung von Messdaten für sehr niedrige SoCs verzichtet. Die vorhandenen Messungen decken jedoch den für den normalen Fahrbetrieb relevanten Bereich ab.

Für das Klemmenspannungsmodell wird aus den Messdaten ein KNN mit einer verborgenen Schicht und den Eingangsgrößen I_{Batt} und SoC erstellt. Das beste Ergebnis der Trainingsdurchläufe ist in Bild 6.27 dargestellt. Zu sehen sind ein Teil der Trainingsdaten und im Vergleich dazu die Ausgabe des KNNs. In dem Modell ist neben der Abhängigkeit der Spannung vom Ladezustand indirekt auch der Innenwiderstand der Batterie berücksichtigt. Letzteres wird durch den Strom als zweite Eingangsgröße des Klemmenspannungsmodells erreicht.

Bei der Auswahl des KNNs für die Modellerstellung wird auf ein gutes Extrapolationsverhalten bei SoC-Werten unterhalb des im Trainingsdatensatz abgedeckten

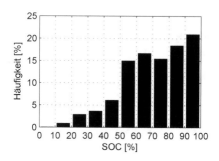

Bild 6.26: Häufigkeitsverteilung des Ladezustands der Batterie in den Messdaten

Bereichs geachtet. Einige der KNNs mit höherer Neuronenzahl liefern zwar für den Trainingsdatensatz bessere Performance-Werte als das in Bild 6.27 gezeigte, jedoch geht dies auf Kosten des Extrapolationsverhaltens in den übrigen Bereichen. Tatsächlich wäre zu erwarten, dass die Spannung für niedrige SoC-Werte stark abfällt. Wegen der fehlenden Messdaten in diesem Bereich wird dieser Umstand von keinem der KNNs richtig abgebildet. Allerdings sind Simulationen von tief-entladenen Batterien mit statischen Modellen generell kritisch zu betrachten, da in diesen Betriebspunkten irreversible Prozesse innerhalb der Batterien auftreten, welche eine Anpassung der Modelle an die veränderten Bedingungen erforderlich machen würden.

Zur weiteren Verbesserung der Modellgenauigkeit kann, bei Verfügbarkeit entsprechender Messdaten, als weitere Eingangsgröße des Klemmenspannungsmodells noch die Batterietemperatur hinzugefügt werden.

6.4 Exkurs: Ermittlung der Parameter der Fahrdynamikgleichung anhand realer Messfahrten

Neben der in den vorherigen Abschnitten ausführlich beschriebenen Modellierung des Antriebsstrangs und seiner Komponenten können aus den vorhandenen Messungen auch die Parameter der Fahrwiderstandsgleichung ermittelt werden. Von besonderem Interesse ist dies, wenn Simulationsmodelle von Messfahrzeugen für die weitere Verwendung im Fahrsimulator (mit oder ohne Kopplung zum Prüfstand) oder in Offline-Simulationen zu erstellen sind. Das hierfür anzuwendende Vorgehen

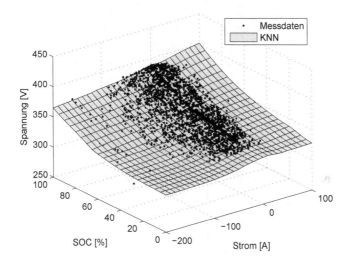

Bild 6.27: Messdaten und künstliches neuronales Netz der Batteriespannung über SoC und I_{Batt}

wird wegen der großen Bedeutung für das Kernthema der Arbeit im Folgenden kurz beschrieben.

Ist das Drehmoment an den Rädern bekannt, können durch Anwendung der Methode der kleinsten Fehlerquadrate die unbekannten Parameter der Fahrdynamikgleichung (siehe Gleichungen 3.1 bis 3.7) ermittelt werden. Als Quelle für die Drehmoment-werte kommen bei Realfahrzeugen spezielle Drehmomentmessnaben zum Einsatz. Ist ein Antriebsstrangmodell vorhanden, kann das Drehmoment an den Rädern auch aus diesem ermittelt werden. Allerdings können dann zur Parameterschätzung nur Messwerte verwendet werden, welche bei nicht betätigter Bremse aufgezeichnet werden. Gleiches gilt für den Fall, dass Drehmomentmessnaben nur an den angetriebenen Rädern montiert sind.

Die weiteren benötigten Messgrößen sind in der Regel leicht zu beschaffen. Es handelt sich dabei um die Geschwindigkeit v, die Längsbeschleunigung a_x und den Steigungswinkel β der Fahrbahn. Die zu ermittelnden Parameter sind der Rollwider-standsbeiwert x_{roll} der Reifen, das Produkt aus dem Luftwiderstandsbeiwert c_W und der Fahrzeugstirnfläche A_x sowie gegebenenfalls die Fahrzeugmasse m_{Fzg}. Häufig ist die Fahrzeugmasse bekannt oder durch Wiegen einfacher zu bestimmen. Für eine richtige Bestimmung des Luftwiderstands ist darauf zu achten, dass die Messungen nicht durch den Windschatten vorausfahrender Fahrzeuge oder durch wetterbedingten Gegen- oder Rückenwind beeinträchtigt werden. Der Rollwiderstandsbeiwert ist neben den Reifeneigenschaften auch von der Fahrbahnbeschaffenheit abhängig. Die Messfahrten müssen deshalb auf einer repräsentativen Fahrbahnoberfläche durchgeführt werden.

6.4.1 Parameterschätzung unter idealen Bedingungen

Mit idealen Bedingungen wird der Fall bezeichnet, dass alle folgenden Größen bekannt sind:

M_R: Drehmomente an allen Rädern

β: Steigungswinkel der Fahrbahn

m_{Fzg}:   Masse des Fahrzeugs

v: Fahrzeuggeschwindigkeit

a_x: Fahrzeuglängsbeschleunigung

Durch Multiplikation aller Terme in Gleichung 3.1 mit der Geschwindigkeit werden anstatt den Kräften die Leistungen ins Gleichgewicht gesetzt:

$$P_{Antrieb} = P_{Roll} + P_{Luft} + P_{Steig} + P_{Beschl}. \tag{6.28}$$

Das Kräftegleichgewicht aus Gleichung 3.1 hat die Einschränkung, dass eine konstante Rollwiderstandskraft (siehe Gleichung 3.2) auch bei stehendem Fahrzeug wirkt, was mit der Realität nicht übereinstimmt. Tatsächlich ist die Rollwiderstandsleistung bei stehendem Fahrzeug gleich null. Das Leistungsgleichgewicht gilt auch bei stehendem Fahrzeug. Aus dem Kräftegleichgewicht können die Parameter nur aus Messdaten ermittelt werden, während deren Aufzeichnung das Fahrzeug in Bewegung ist.

Zur Schätzung der noch fehlenden Parameter x_{roll} und $c_W \cdot A_x$ wird das Leistungsgleichgewicht so umgeformt, dass alle bekannten Terme auf der linken Seite und alle Terme mit unbekannten Parametern auf der rechten Seite stehen:

$$P_{Antrieb} - P_{Steig} - P_{Beschl} = P_{Roll} + P_{Luft}$$

bzw.

$$P_{Antrieb} - P_{Steig} - P_{Beschl} = x_{Roll} \cdot m_{Fzg} \cdot g \cdot v + c_W \cdot A_x \cdot \rho \cdot \frac{v^3}{2}$$

Für die Methode der kleinsten Fehlerquadrate (Gl. 5.6) gilt dann:

$$\mathbf{Y}_P = P_{Antrieb} - P_{Steig} - P_{Beschl},$$

$$U = \begin{bmatrix} m_{Fzg} \cdot g \cdot v & \rho \cdot \frac{v^3}{2} \end{bmatrix}$$

und

$$K = \begin{bmatrix} x_{Roll} \\ c_W \cdot A_x \end{bmatrix}.$$

6.4.2 Parameterschätzung unter Einschränkungen

Die Ermittlung der Parameter der Fahrdynamikgleichung aus Messdaten kann auch unter gewissen Einschränkungen durchgeführt werden, wenn dabei bestimmte Maßnahmen getroffen werden. Diese werden im Folgenden beschrieben.

Masse des Fahrzeugs ist unbekannt

Falls die Größe m_{Fzg} nicht bekannt ist, kann P_{Steig} und P_{Beschl} nicht aus den Messdaten berechnet werden. Das Auflösen von Gl. 6.28 nach bekannten Termen ergibt in diesem Fall keine Veränderung. Es gilt:

$$P_{Antrieb} = x_{Roll} \cdot m_{Fzg} \cdot g \cdot v + c_W \cdot A_x \cdot \rho \cdot \frac{v^3}{2} + m_{Fzg} \cdot g \cdot sin\beta + m_{Fzg} \cdot a_x.$$

Zusammenfassen von P_{Steig} und P_{Beschl} ergibt:

$$P_{Antrieb} = x_{Roll} \cdot m_{Fzg} \cdot g \cdot v + c_W \cdot A_x \cdot \rho \cdot \frac{v^3}{2} + m_{Fzg} \cdot (g \cdot sin\beta + a_x).$$

Mit dieser Gleichung kann auch m_{Fzg} relativ genau aus den vorhandenen Messdaten ermittelt werden. Für die Methode der kleinsten Fehlerquadrate gilt dann:

$$Y_P = P_{Antrieb},$$

$$U = \begin{bmatrix} g \cdot v & \rho \cdot \frac{v^3}{2} & g \cdot sin\beta + a_x \end{bmatrix}$$

und

$$K = \begin{bmatrix} m_{Fzg} \cdot x_{Roll} \\ c_W \cdot A_x \\ m_{Fzg} \end{bmatrix}.$$

Längsbeschleunigung des Fahrzeugs ist unbekannt

Ist die Längsbeschleunigung des Fahrzeugs nicht in den Aufzeichnungen enthalten, so kann diese durch Ableitung der Fahrzeuggeschwindigkeit über der Zeit ermittelt werden. Dafür ist es in der Regel notwendig, den gleitenden Durchschnitt über ausreichend viele aufeinanderfolgende Messpunkte zu bilden oder den Geschwindigkeitsverlauf zu filtern. Dies kann im Anschluss an die Messdatenaufzeichnung geschehen.

Drehmoment ist nur für die angetriebenen Räder bekannt

Der Einsatz von Drehmomentmessnaben zur Datenaufzeichnung an Messfahrzeugen beschränkt sich häufig auf die angetriebenen Räder. Das hat zur Folge, dass die Bremsmomente nur an den angetriebenen Rädern erfasst werden. Diese treten jedoch auch an den nicht angetriebenen Rädern auf. Im bisher vorgestellten Verfahren wird implizit davon ausgegangen, dass die Bremskräfte in den Antriebsmomenten bzw. der Antriebsleistung enthalten sind.

Für den Fall, dass das Radmoment nur für die angetriebenen Räder bekannt ist, können die Parameter dadurch bestimmt werden, dass ausschließlich Messungen verwendet werden, welche bei nicht betätigter Bremse aufgezeichnet wurden. Üblicherweise gibt es im Fahrzeugbussystem ein Signal, welches anzeigt, ob die Bremse betätigt wird. Dieses kann für die Auswahl der zu verwendenden Messpunkte herangezogen werden.

Bremsmoment ist unbekannt

Der Fall des unbekannten Bremsmomentes deckt sich zu einem großen Teil mit dem vorherigen. Er tritt insbesondere dann ein, wenn die Messung nicht an der Radnabe, sondern bereits an den Antriebswellen des Fahrzeugs, d. h. in Kraftflussrichtung vor der Bremse erfolgt. Auch dann ist eine Parameterschätzung nur möglich, wenn dafür nur Messpunkte verwendet werden, welche bei nicht betätigter Bremse aufgezeichnet wurden.

Steigungswinkel der Fahrbahn ist unbekannt

Ist der Steigungswinkel der Fahrbahn unbekannt, so stehen dafür im Wesentlichen drei Möglichkeiten der Abhilfe zur Auswahl.

Die erste Möglichkeit ist, die Messfahrten auf ebener Fläche durchzuführen. In diesem Fall verschwindet wegen $\beta = 0$ der Einfluss des Steigungswiderstands aus der Fahrdynamikgleichung.

Die zweite Möglichkeit ist, den Verlauf der Messfahrt so festzulegen, dass Anfangs- und Endpunkt identisch sind und jeder Punkt der Strecke gleich oft in beide Richtungen befahren wird. Der Einfluss des Steigungswiderstandes hebt sich so zumindest annähernd auf, da es für jeden positiven Steigungswiderstand auch einen entsprechenden negativen gibt. Da der Einfluss des Steigungswinkels durch $\sin\beta$ in der Fahrdynamikgleichung nichtlinear ist, ist nicht sichergestellt, dass sich Steigungen und Gefälle gegenseitig aufheben, wenn es sich bei der Strecke um einen Rundkurs handelt oder Anfangs- und Endpunkt der Strecke nicht identisch sind, jedoch auf gleicher Höhe liegen. Dieses Verfahren ist nicht mit den Einschränkungen kombinierbar, bei denen das Bremsmoment oder das Moment an den nicht angetriebenen Rädern unbekannt ist. Da bergab häufiger und stärker gebremst wird, sind Steigungen und Gefälle in den zur Verfügung stehenden Messdaten unterschiedlich stark repräsentiert.

Die dritte Möglichkeit ist, für das Beschleunigungssignal einen fahrzeugfesten Sensor zu verwenden, der die Längbeschleunigung in x-Richtung der Fahrzeugachse aufzeichnet. Dessen Signal ist zwar durch die Nickbewegungen des Fahrzeugaufbaus mit einem weitgehend vernachlässigbaren Fehler behaftet, erfasst aber den Einfluss des Steigungswiderstands indirekt über die Längsbeschleunigung a_x. Bei dieser Methode bestehen auch trotz unbekanntem Steigungswinkel keinerlei Einschränkungen bezüglich dem Höhenprofil der gefahrenen Strecke.

Alle drei Methoden haben gemeinsam, dass der Term des Steigungswiderstands in der Fahrwiderstandsgleichung wegfällt. Sind außer dem fehlenden β keine weiteren Einschränkungen vorhanden, so gilt für die Methode der kleinsten Fehlerquadrate:

$$\mathbf{Y}_P = P_{Antrieb} - P_{Beschl},$$

$$\mathbf{U} = \begin{bmatrix} m_{Fzg} \cdot g \cdot v & \rho \cdot \frac{v^3}{2} \end{bmatrix}$$

und

$$\mathbf{K} = \begin{bmatrix} x_{Roll} \\ c_W \cdot A_x \end{bmatrix}.$$

Für den Fall, dass m_{Fzg} unbekannt ist gilt:

$$\mathbf{Y}_P = P_{Antrieb},$$

$$\mathbf{U} = \left[\begin{array}{ccc} g \cdot v & \rho \cdot \frac{v^3}{2} & a_x \end{array} \right]$$

und

$$\mathbf{K} = \left[\begin{array}{c} m_{Fzg} \cdot x_{Roll} \\ c_W \cdot A_x \\ m_{Fzg} \end{array} \right].$$

7 Zusammenfassung und Ausblick

Mit der Verbindung des Fahrsimulators und dem Antriebsstrangprüfstand wurde eine Möglichkeit geschaffen, die Durchführung von Fahrsimulatorstudien und die Erprobung von Antriebsstrangkomponenten am Prüfstand miteinander zu vereinen.

Für die Umsetzung der Kopplung wurde zunächst eine Verbindung zur Datenübertragung zwischen den beiden Anlagen hergestellt und die entsprechenden Schnittstellen an beiden Enden der Verbindung geschaffen. Neben der verwendeten Technolgie zur Datenübertragung wurden die für den Koppelbetrieb relevanten fahrdynamischen und regelungstechnischen Zusammenhänge beschrieben.

Als eine mögliche Nutzung der Verbindung wurde beispielhaft die Erstellung von Antriebsstrangmodellen unter Verwendung von Messdaten aus dem nutzerrelevanten Fahrbetrieb ausführlicher behandelt. Dabei ergeben sich Vorteile bezüglich der erzielbaren Modellgenauigkeit gegenüber herkömmlichen Modellierungsverfahren. Auf Seiten des Prüfstands zählen dazu insbesondere die bessere Zugänglichkeit der Messstellen und die bessere Ausrüstung zur Aufzeichnung der Messdaten gegenüber Realfahrzeugen.

Durch die Einbindung realer Fahrer mittels des Fahrsimulators ist sichergestellt, dass in den gewonnenen Messdaten die für den normalen Fahrbetrieb relevanten Betriebszustände ausreichend abgedeckt sind. Hinzu kommt, dass die für die Modellerstellung benötigten Messdaten häufig als Nebenprodukt anderer Studien im Koppelbetrieb anfallen und durch deren Nutzung der Aufwand zur Messdatenerzeugung reduziert wird.

Für die Erzeugung der Modelle aus den Messdaten werden unterschiedliche Verfahren vorgestellt. Zur Ermittlung der Parameter von Modellen mit bekannter Modellstruktur wird die Methode der kleinsten Fehlerquadrate ausgewählt. Sogenannte Black-Box-Modell mit unbekannter Struktur werden durch künstliche neuronale Netze, gegebenenfalls in Verbindung mit Kennfeldern, Ersatzmodellen oder Expertenwissen abgebildet.

Der Antriebsstrang wird für die Modellierung in einzelne Komponenten zergliedert, deren Teilmodelle anschließend einzeln verwendet oder zu einem Gesamtmodell zusammengefügt werden können. Die auf diese Weise erstellten Simulationsmodelle können sowohl für Offline-Simulationen als auch für Fahrsimulatorstudien im ungekoppelten Betrieb ohne realen Antriebsstrang verwendet werden.

Neben der Nutzung der Messdaten zur Modellerstellung und Parameteridentifikation kann der realisierte Koppelbetrieb von Fahrsimulator und Antriebsstrangprüfstand zukünftig auch für weitere Anwendungen eingesetzt werden. Hierzu zählen beispielsweise Untersuchungen zur funktionalen Sicherheit elektrischer Fahrzeugantriebe, zum Energieverbrauch und zum Schwingungsverhalten von Antriebssträngen, sowie die Verlagerung der Antriebsapplikation von der Teststrecke in den Fahrsimulator.

Abkürzungen und Formelzeichen

Abkürzungen

bzw.	beziehungsweise
BM	Bayes Methode
CAN	Controller Area Network
DLR	Deutsches Zentrum für Luft- und Raumfahrt
DOF	Degree of Freedom
FF	Feedforward
FFT	Fast Fourier Transformation
FKFS	Forschungsinstitut für Kraftfahrwesen und Fahrzeugmotoren Stuttgart
Gl.	Gleichung
GPS	Global Positioning System
HiL	Hardware in the Loop
HWRR	Hardware-Regelrechner
IGBT	Insulated-Gate Bipolar Transistor
IVK	Institut für Verbrennungsmotoren und Kraftfahrwesen
KNN	Künstliches neuronales Netz
LMA	Levenberg-Marquardt-Algorithmus
LS	Least Squares
MAP	Maximum A-Posteriori

MK	Medienkonverter
MKP	Multikonfigurationsprüfstand
ML	Maximum Likelihood
MLP	Multilayer Perceptron
MMPA	Maximales Moment pro Ampere
NADS	National Advanced Driving Simulator
NEFZ	Neuer Europäischer Fahrzyklus
NVH	Noise Vibration Harshness
PFR	Prozessführungsrechner
PMSM	Permanentmagneterregte Synchronmaschine
RBF	Radial Basis Function
SOC	State of Charge
SOH	State of Health
StVZO	Straßenverkehrs-Zulassungs-Ordnung
u. a.	unter anderem
UDP	User Datagram Protocol
z. B.	zum Beispiel

Formelzeichen

Zeichen	Einheit[1]	Beschreibung
a_x	m/s^2	Fahrzeuglängsbeschleunigung
c	Nm/rad	Torsionsfedersteifigkeit
c_W	-	Luftwiderstandsbeiwert
d	$Nm/rad/s$	Torsionsdämpfung
dF_x^0	$N/-$	Steigung der übertragbaren Längskraft eines Reifens für $s_x = 0$
dF_y^0	$N/-$	Steigung der übertragbaren Querkraft eines Reifens für $s_y = 0$
dF_x^S	$N/-$	Steigung der übertragbaren Längskraft eines Reifens für $s_x > s_x^M$
dF_y^S	$N/-$	Steigung der übertragbaren Querkraft eines Reifens für $s_y > s_y^M$
e	-	Vektor der Abweichungen zwischen Modell und Prozess
f_{Grenz}	$1/s$	Grenzfrequenz
f_{Tast}	$1/s$	Abtastfrequenz
$f_{Tast,M}$	$1/s$	Abtastfrequenz der Drehmomentmessnabe
g	m/s^2	Erdbeschleunigung
$h_{MG_{i,j}}$	-	Anzahl der Messpunkte in der j-ten Zelle der i-ten Messgröße
i	-	Getriebeübersetzung
i_{Diff}	-	Übersetzung des Differentialgetriebes
k		Konstante
kd	-	Kickdown aktiv
m_{Fzg}	kg	Fahrzeugmasse

[1]Wenn nichts angegeben ist, dann hängt die Einheit des Zeichens von der dargestellten Größe ab

$m_{Fzg,red}$	kg	Reduzierte Fahrzeugmasse
n		Störsignalvektor
n	U/min	Drehzahl
n	-	Anzahl der Reifen
n_{grenz}	U/min	Übergangsdrehzahl in den Feldschwächebereich
n_{ist}	U/min	Istdrehzahl
n_{soll}	U/min	Solldrehzahl
n_{Getr}	U/min	Getriebeausgangsdrehzahl
n_{HA}	U/min	Drehzahl an der Hinterachse
n_{HL}	U/min	Drehzahl des linken Hinterrads
n_{HR}	U/min	Drehzahl des rechten Hinterrads
n_{Mot}	U/min	Motordrehzahl
n_{Rad}	U/min	Raddrehzahl
n_{VM}	U/min	Drehzahl der Vordermaschine
p_B	N/mm^2	Bremsdruck
r_0	m	Reifenradius im unbelasteten Zustand
r_B	m	Wirksamer Bremsenradius
s	-	Laplace-Operator
s_x	-	Schlupf in Längsrichtung
s_x^M	-	Schlupf in Längsrichtung bei maximal übertragbarer Längskraft
s_x^S	-	Schlupf in Längsrichtung beim Übergang zu reiner Gleitreibung
t_{FaDy}	s	Berechnungsdauer der Fahrdynamiksimulation
$t_{RK,ges}$	s	Signallaufzeit im Regelkreis
$t_{RK,Pst}$	s	Signallaufzeit im Regelkreis im ungekoppelten Prüfstandsbetrieb

t_{Ueb}	s	Signallaufzeit der Verbindungsstrecke zwischen Prüfstand und Fahrsimulator
t_t	s	Verzögerungszeit eines Totzeitglieds
u_i		i-te Eingangsgröße
v	m/s	Fahrzeuggeschwindigkeit
w_i	-	Gewichtungsfaktor der i-ten Eingangsgröße
$\mathbf{x}$	-	Parametervektor eines KNNs
x_{Roll}	-	Rollwiderstandsbeiwert
y		Ausgangsgröße
y_M		Ausgangsgröße des Modells
y_{M_E}		Ausgangsgröße des Ersatzmodells
y_{M_N}		Ausgangsgröße des neuronalen Netzes
A_x	m^2	Fahrzeugstirnfläche
A_B	mm^2	Fläche der Bremskolben
C	As	Batteriekapazität
F_x	N	Längskraft
F_y	N	Querkraft
F_x^M	N	Maximal übertragbare Längskraft eines Reifens
F_y^M	N	Maximal übertragbare Querkraft eines Reifens
F_x^S	N	Maximal übertragbare Längskraft eines Reifens beim Übergang zu reiner Gleitreibung
F_y^S	N	Maximal übertragbare Querkraft eines Reifens beim Übergang zu reiner Gleitreibung
F_z	N	Normalkraft
$F_{z,dyn}$	N	Dynamische Reifennormalkraft
$F_{Antrieb}$	N	Antriebskraft

F_{Beschl}	N	Beschleunigungswiderstandskraft
F_{Luft}	N	Luftwiderstandskraft
F_{Roll}	N	Rollwiderstandskraft
F_{Steig}	N	Steigungswiderstandskraft
$G(s)$	-	Übertragungsfunktiom im Bildbereich
$G(j\omega)$	-	Frequenzgang
$G_0(j\omega)$	-	Frequenzgang des offenen Regelkreises
$G_R(j\omega)$	-	Frequenzgang des Reglers
$G_S(j\omega)$	-	Frequenzgang der (erweiterten) Regelstrecke
I	A	Strom
$\mathbf{I}$	-	Einheitsmatrix
I_a, I_b, I_c	A	Strangströme im Stator der Synchronmaschine
I_{Batt}	A	Batteriestrom
I_d	A	Statorstrom entlang der magnetischen Flussrichtung
I_q	A	Statorstrom quer zur magnetischen Flussrichtung
$I_{1,max}$	A	Maximal zulässiger Gleichstrom der Synchronmaschine
J	$kg \cdot m^2$	Rotationsträgheitsmoment
$\mathbf{J}$	-	Jacobimatrix
J_{Antr}	$kg \cdot m^2$	Rotationsträgheitsmoment des gesamten Antriebsstrangs
J_R	$kg \cdot m^2$	Reifenträgheitsmoment
$\mathbf{K}$	-	Koeffizientenmatrix
$\mathbf{K}_M$	-	Koeffizientenmatrix des Modells
$\widehat{\mathbf{K}}$		Parametermatrix
K_{krit}	-	Kritischer Verstärkungsfaktor

K_I	-	Integralfaktor
K_P	-	Proportionalitätsfaktor
K_S	-	Übertragungsbeiwert
L_d	H	Statorinduktivität längs der magnetischen Flussrichtung
L_q	H	Statorinduktivität senkrecht zur magnetischen Flussrichtung
M	Nm	Drehmoment
M_{max}	Nm	Maximales Moment
M_{mech}	Nm	Mechanisches Moment
M_r	Nm	Rollwiderstandsmoment
M_{soll}	Nm	Sollmoment
M_B	Nm	Bremsmoment
M_{El}	Nm	Luftspaltmoment
M_{Getr}	Nm	Drehmoment am Getriebeausgang
M_{HA}	Nm	Mittleres Drehmoment an der Hinterachse
M_{HL}	Nm	Drehmoment am linken Hinterrad
M_{HR}	Nm	Drehmoment am rechten Hinterrad
M_N	Nm	Drehmoment an der Radnabe
M_R	Nm	Reifenmoment
M_{VM}	Nm	Drehmoment der Vordermaschine
$MG_{ges,Zell}$	-	Gesamtanzahl der Zellen über alle Messgrößen
MG_i		i-te Messgröße
$MG_{i,Int.}$		Größe der Zellen für die i-te Messgröße
$MG_{i,OG}$		Oberer Grenzwert der i-ten Messgröße
$MG_{i,UG}$		Unterer Grenzwert der i-ten Messgröße
$MG_{i,Zell}$	-	Anzahl der Zellen für die i-te Messgröße

P_{max}	W	Maximale Leistung
$P_{Antrieb}$	N	Antriebsleistung
P_{Beschl}	N	Beschleunigungswiderstandsleistung
P_{HA}	W	Leistung an der Hinterachse
P_{Luft}	N	Luftwiderstandsleistung
P_{Roll}	N	Rollwiderstandsleistung
P_{Steig}	N	Steigungswiderstandsleistung
P_{VM}	W	Leistung an der Vordermaschine
$\mathbf{Q}$	-	Gewichtungsmatrix
R	-	Korrelationskoeffizient
R_i	Ω	Innenwiderstand der Batterie
R_S	Ω	Statorwiderstand
SoC	–	Ladezustand der Batterie
SoH	–	Alterungszustand der Batterie
T	s	Zeitkonstante
T_{krit}	s	Kritische Schwingungsdauer
T_g	s	Ausgleichzeit
T_n	s	Nachstellzeit eines Reglers
T_u	s	Verzugszeit
T_{Diff}	$°C$	Öltemperatur im Differentialgetriebe
$\mathbf{U}$		Eingangsgrößenmatrix
U_{Batt}	V	Batteriespannung
U_{FA}	V	Spannung für den Feldaufbau
$\mathbf{V}$	-	Verlustfunktion
$\mathbf{Y}_M$		Ausgangsgrößenmatrix des Modells
$\mathbf{Y}_P$		Ausgangsgrößenmatrix des Prozesses

Z	-	Zelle des Zustandsraums
$Z_{MG_{i,j}}$	-	j-te Zelle der i-ten Messgröße
Z_p	-	Polpaarzahl einer PMSM

α	-	Fahrpedalposition
α	-	Schrittweite des Gradientenabstiegsverfahrens
α_N	-	Vertrauensindex eines neuronalen Netzes im Zustandsraum
β	rad	Steigungswinkel
φ	°	Phasenwinkel
φ	rad	Torsionswinkel
φ_{el}	°	Elektrische Winkelposition
η_{Diff}	-	Wirkungsgrad des Differentialgetriebes
μ	-	Parameter des LMA
ρ	kg/m^3	Luftdichte
ω	$1/s$	Kreisfrequenz
ω	rad/s	Torsionswinkelgeschwindigkeit
ω_0	$1/s$	Kennkreisfrequenz
ω_{el}	rad/s	Elektrische Winkelgeschwindigkeit
ω_{mech}	rad/s	Mechanische Winkelgeschwindigkeit
ω_{Rad}	rad/s	Winkelgeschwindigkeit des Rades
ω_{VM}	rad/s	Winkelgeschwindigkeit der Vordermaschine

Δn_{HA}	U/min	Drehzahldifferenz an der Hinterachse
$\Delta n_{HA,rel}$	-	Relative Abweichung der Drehzahlen an der Hinterachse
ΔM_{HA}	Nm	Drehmomentendifferenz an der Hinterachse

Ψ_{PM} Wb Magnetischer Fluss der Permanentmagnete

Literaturverzeichnis

[1] *Straßenverkehrs-Zulassungs-Ordnung (StVZO).* – Rechtsstand: 1. August 2013

[2] ALBERS, A.; KRÜGER, A.: Methodik zur Untersuchung des Übertragungsverhaltens von Antriebselementen am Beispiel eines Zweimassenschwungrades für Kraftfahrzeuge. In: *VDI-Berichte Nr. 1630: Schwingungen in Antrieben,* 2001

[3] ALBERS, A.; SCHYR, C.; KRÜGER, A.; PFEIFFER, M.: Fahrsimulation am Antriebsprüfstand. In: *VDI-Berichte Nr. 1745: Simulation und Simulatoren - Mobilität virtuell gestalten,* 2003

[4] AMANN, N.; BÖCKER, J.; PRENNER, F.: Active Damping of Drive Train Oscillations for an Electrical Driven Vehicle. In: *IEEE/ASME Transactions on Mechatronics, Vol. 9, No. 4,* 2004

[5] APSCHNER, M.; HAUSER, G.: PUMA Open - Prüfsystem für Motor und Antriebsstrang. In: *Motortechnische Zeitschrift* (2001), März, Nr. 3, S. 228–234

[6] BARASZU, R. C.; CIKANEK, S. R.: Torque Fill-In for an Automated Shift Manual Transmission in a Parallel Hybrid Electric Vehicle. In: *Proceedings of the American Control Conference,* 2002

[7] BAUMANN, G.; RUMBOLZ, P.; PITZ, J.; REUSS, H.-C.: Virtuelle Fahrversuche im neuen Stuttgarter Fahrsimulator. In: *Simulation und Test für die Automobilelektronik,* 2012

[8] BÖCKER, J.; AMANN, N.; SCHULZ, B.: Active suppression of torsional oscillations. In: *3rd IFAC Symposium of Mechatronic Systems, Sydney,* 2004

[9] BEALE, M. H.; HAGAN, M. T.; DEMUTH, H. B.: *Neural Network Toolbox^{TM} - Getting Started Guide*

[10] BEALE, M. H.; HAGAN, M. T.; DEMUTH, H. B.: *Neural Network Toolbox^{TM} - User's Guide*

[11] BEIER, T.; WURL, P.: *Regelungstechnik - Basiswissen, Grundlagen, Anwendungsbeispiele*. München: Carl Hanser Verlag, 2013

[12] BÖHM, M.; STEGMAIER, N.; BAUMANN, G.; REUSS, H.-C.: Der neue Antriebsstrang- und Hybrid-Prüfstand der Universität Stuttgart. In: *Motortechnische Zeitschrift* (2011), September, S. 698–701

[13] BOSCH REXROTH: *System Description*

[14] BRAESS, H.-H.; SEIFFERT, U.: *Handbuch Kraftfahrzeugtechnik*. Wiesbaden: Springer Vieweg, 2013

[15] BRODBECK, P.; PFEIFFER, M.; GERMANN, S.; SCHYR, C.; LUDEMANN, S.: Verbesserung der Simulationsgüte von Antriebsstrangprüfständen mittels Reifenschlupfsimulation. In: *VDI-Berichte Nr. 1610: Getriebe in Fahrzeugen*, 2001

[16] CAI, C.-H.; DU, D.; LIU, Z.-Y.; ZHANG, H.: Modelling and identification of Ni-MH battery using dynamic neural network. In: *IEEE Machine Learning and Cybernetics, Vol. 3*, 2002, S. 1594–1600

[17] CHAN, H. L.; SUTANO, D.: A New Battery Model for use with Battery Energy Storage Systems and Electric Vehicles Power Systems. In: *IEEE Power Engineering Society Winter Meeting, Vol. 1*, 2000, S. 470–475

[18] CHEN, M.; RINCON-MORA, G. A.: Accurate electrical battery model capable of predicting runtime and I-V performance. In: *IEEE Energy Conversion, Vol. 21*, 2006, S. 504–511

[19] CHEN, Q.: *Schätzung von Parametern bei der Modellbildung von elektrischen und mechanischen Systemen*, Universität-GH Essen, Dissertation, 1997

[20] DEUSCHEL, M.: *Gestaltung eines Prüffelds für die Fahrwerksentwicklung unter Berücksichtigung der virtuellen Produktentwicklung*, Technische Universität München, Dissertation, 2006

[21] DUVAL-DESTIN, M.; KROPF, T.; ABADIE, V.; FAUSTEN, M.: Auswirkungen eines Elektroantriebs auf das Bremssystem. In: *Automobiltechnische Zeitschrift* (2011), September, Nr. 9, S. 638–643

[22] FRANK, P.; REICHELT, W.: Fahrerassistenzsysteme im Entwicklungsprozess. In: *Fahrzeugführung*. Berlin, Heidelberg, New York: Springer Verlag, 2001, S. 71–78

[23] GRÄTER, A.: Ganzheitliche Sicherheit von E-Fahrzeugen. In: *Automobiltechnische Zeitschrift* (2011), Oktober, Nr. 10, S. 734–739

[24] GSCHWILM, J.; VACULÍN, O.; JASCHINSKI, A.: Möglichkeiten der Fahrdynamik- und Komfortbewertung zukünftiger virtueller Prototypen mittels Simulation. In: *VDI-Berichte Nr. 1745: Simulation und Simulatoren - Mobilität virtuell gestalten*, 2003

[25] GUTTENBERG, P.: *Der Autarke Hybrid am Prüfstand – Funktion, Kraftstoffverbrauch und energetische Analyse*, Technische Universität München, Dissertation, 2004

[26] HAGAN, M. T.; MOHAMMAD, B. M.: Training Feedforward Networks with the Marquardt Algorithm. In: *IEEE Transactions on Neural Networks, Vol. 5, No. 6*, 1994

[27] HARNISCH, C.; BREIDENBACH, C.: Geländefahrt von Radfahrzeugen im Fahrsimulator. In: *VDI-Berichte Nr. 1745: Simulation und Simulatoren - Mobilität virtuell gestalten*, 2003

[28] HAUSNER, M.; HÄSSLER, M.: Kupplungsscheibe mit Frequenztilger gegen Rupfschwingungen. In: *Automobiltechnische Zeitschrift* (2012), Januar, Nr. 1, S. 64–69

[29] HAYKIN, S.: *Neural Networks and Learning Machines*. New Jersey: Pearson, 2009

[30] HEISSING, B.; ERSOY, M.: *Fahrwerkhandbuch - Grundlagen, Fahrdynamik, Komponenten, Systeme, Mechatronik, Perspektiven*. Wiesbaden: Vieweg, 2007

[31] HOCHSTÄDTER, A.; ZAHN, P.; BREUER, K.: Ein universelles Fahrermodell mit den Einsatzbeispielen Verkehrssimulation und Fahrsimulator. In: *9. Aachener Kolloquium Fahrzeug- und Motorentechnik*, 2000

[32] HOFFMANN, S.; KRÜGER, H.-P.; BULD, S.: Vermeidung von Simulator Sickness anhand eines Trainings zur Gewöhnung an die Fahrsimulation. In: *VDI-Berichte Nr. 1745: Simulation und Simulatoren - Mobilität virtuell gestalten*, 2003

[33] HUESMANN, A.; WISSELMANN, D.; FREYMANN, R.: Der neue dynamische Fahrsimulator der BMW Fahrzeugforschung. In: *VDI-Berichte Nr. 1745: Simulation und Simulatoren - Mobilität virtuell gestalten*, 2003

[34] HUYNH, P.-L.; ABU MOHAREB, O.; GRIMM, M.; REUSS, H.-C.; MÄURER, H.-J.; RICHTER, A.: Einfluss der Architektur von Lithium-Ionen Akkumulato-ren auf deren charakterisierende Parameter und deren Bestimmung. In: *Symposium Elektromobilität, Esslingen*, 2014

[35] HUYNH, P.-L.; ABU MOHAREB, O.; GRIMM, M.; REUSS, H.-C.; MÄURER, H.-J.; RICHTER, A.: Impact of Cell Replacement on the State-of-Health for Parallel Li-Ion Battery Pack. In: *IEEE Vehicle Power and Propulsion Conference*, 2014

[36] IRMSCHER, M.: Modellierung von Individualität und Motivation im Fahrerverhalten. In: *Fahrzeugführung*. Berlin, Heidelberg, New York: Springer Verlag, 2001, S. 119–133

[37] ISERMANN, R.: *Identifikation dynamischer Systeme 1*. Berlin, Heidelberg: Springer Verlag, 1992

[38] ISERMANN, R.: *Identifikation dynamischer Systeme 2*. Berlin, Heidelberg: Springer Verlag, 1992

[39] ISERMANN, R.: *Regelungstechnik I*. Aachen: Shaker Verlag, 2002

[40] ISERMANN, R.: *Mechatronische Systeme*. Berlin, Heidelberg: Springer Verlag, 2008

[41] JÜRGENSOHN, T.: Nichtformale Konstrukte in quantitativen Fahrermodellen. In: *Fahrzeugführung*. Springer Verlag, 2001, S. 95–117

[42] KIRCHKNOPF, P.; WITTA, L.: Der neue BMW-Schwingungs- und Akustiksimulator, Aufbau und Anwendungen. In: *VDI-Berichte Nr. 1745: Simulation und Simulatoren - Mobilität virtuell gestalten*, 2003

[43] KOLLREIDER, A.; SCHYR, C.; RIEL, A.; COMBÉ, T.: Echtzeitsimulation des Antriebsstrangs zur Abstimmung der Fahrzeug-Längsdynamik. In: *HdT, Dynamisches Gesamtsystemverhalten von Fahrzeugantrieben*, 2005

[44] LEE, H.-D.; SUL, S.-K.; CHO, H.-S.; LEE, J.-M.: Advanced Gear-Shifting and Clutching Strategy for a Parallel-Hybrid Vehicle. In: *IEEE Industry Applications Magazine, November/December 2000*, 2000

[45] LUNZE, J.: *Regelungstechnik I.* Berlin, Heidelberg: Springer Verlag, 2004

[46] MARQUARDT, D. W.: An Algorithm for Least-Squares Estimation of Nonlinear Parameters. In: *Journal of the Society for Industrial and Applied Mathematics* 11 (1963), Jun., Nr. 2, S. 431–441

[47] MITSCHKE, M.; WALLENTOWITZ, H.: *Dynamik der Kraftfahrzeuge.* Berlin, Heidelberg: Springer Verlag, 2004

[48] MOORE, G. E.: Cramming more components onto integrated circuits. In: *Electronics* 38 (1965), April, Nr. 8

[49] NELLES, O.: *Nonlinear System Identification - From Classical Approaches to Neural Networks and Fuzzy Models.* Berlin, Heidelberg: Springer Verlag, 2001

[50] OBERHAUS, H.; RÖNITZ, R.: Fahrzeugversuche im Labor oder auf der Straße - Ergänzung oder Konkurrenz? In: *VDI-Berichte Nr. 741: Mess- und Versuchstechnik im Automobilbau,* 1989

[51] PASSEK, J.: *Straßengebundener Fahrsimulator,* RWTH Aachen, Dissertation, 2007

[52] PIEGSA, A.; RUMBOLZ, P.; SCHMIDT, A.; LIEDECKE, C.; REUSS, H.-C.: VALIDATE - Basis for New Sophisticated Research Platform for Virtual Development of Vehicle Systems. In: *SAE Paper 2011-01-1012,* 2011

[53] RATTE, J.: Modularer Fahrsimulator - Anwendungsbeispiele. In: *VDI-Berichte Nr. 1745: Simulation und Simulatoren - Mobilität virtuell gestalten,* 2003

[54] REITZ, A.; BIERMANN, J.-W.; SCHUMACHER, T.; KELLY, P.: Spezielle Prüfstände zur Untersuchung von NVH-Phänomenen des Antriebsstrangs. In: *8. Aachener Kolloquium Fahrzeug- und Motorentechnik,* 1999

[55] RUMBOLZ, P.: *Untersuchung der Fahrereinflüsse auf den Energieverbrauch und die Potentiale von verbrauchsreduzierenden Verzögerungsassistenzfunktionen beim PKW,* Universität Stuttgart, Dissertation, 2013

[56] SCHERER, A.: *Neuronale Netze - Grundlagen und Anwendungen.* Braunschweig, Wiesbaden: Vieweg Verlag, 1997

[57] SCHMIDT, A.; REUSS, H.-C.; GRIMM, M.: Gesamtheitliche Betrachtung und
Beurteilung hybrider Antriebskonzepte durch Vernetzung von komponenten-
spezifischen Simulationswerkzeugen. In: *VDI-Berichte Nr. 2224: Erprobung
und Simulation in der Fahrzeugentwicklung*, 2014

[58] SCHMIDT, A.; REUSS, H.-C.; GRIMM, M.: Vernetzung verschiedener Simu-
lationstools zur ganzheitlichen Betrachtung von Hybridfahrzeugen. In: *6.
IAV-Tagung Simulation und Test für die Automobilelektronik, Berlin*, 2014

[59] SCHMIDT, A.; STEGMAIER, N.; PIEGSA, A.; REUSS, H.-C.: Anbindung des Antriebsstrangprüfstands an den Fahrsimulator zur energetischen Untersuchung
von Hybrid-Antriebssträngen. In: *VDI-Berichte Nr. 2106: Erprobung und
Simulation in der Fahrzeugentwicklung*, 2010

[60] SCHMIDT, M.; PFEIFFER, K.: Was die Rolle nicht kann - Neue Möglichkeiten der
Schaltkomfortoptimierung an hochdynamischen Antriebsstrangprüfständen.
In: *VDI-Berichte Nr. 2009*, 2008

[61] SCHRÖDER, D.: *Elektrische Antriebe - Regelung von Antriebssystemen*. Berlin,
Heidelberg: Springer Verlag, 2009

[62] SCHRÖDER, D.: *Intelligente Verfahren - Identifikation und Regelung nichtlinearer Systeme*. Berlin, Heidelberg: Springer Verlag, 2010

[63] SCHULER, R.; BARGENDE, M.; KRIEGER, K.-L.: Simulation von Fahrzeugantrieben in der Modellbasierten Funktionsentwicklung. In: *4. Symposium
Steuerungssysteme für den Antriebsstrang von Kraftfahrzeugen, Berlin*, 2003

[64] SCHWENGER, A.: *Aktive Dämpfung von Triebstrangschwingungen*, Universität
Hannover, Dissertation, 2005

[65] SCHYR, C.: *Modellbasierte Methoden für die Validierungsphase im Produkt-
entwicklungsprozess mechatronischer Systeme am Beispiel der Antriebsstran-
gentwicklung*, Universität Karlsruhe (TH), Dissertation, 2006

[66] SCIUTO, M.; HELLMUND, R.: „Road to Rig" - Simulationskonzept an Powertrain-
Prüfständen in der Getriebeerprobung. In: *Automobiltechnische Zeitschrift*
(2001), April, Nr. 4, S. 298–306

[67] SIMMERMACHER, D.; WINNER, H.: Beherrschbarkeit von Gierstörungen durch
ein Fahrerkollektiv. In: *Automobiltechnische Zeitschrift* (2011), September,
Nr. 9, S. 696–701

[68] Svaricek, F.; Bohn, C.; Karkosch, H.-J.; Härtel, V.: Aktive Schwingungskompensation im Kfz aus regelungstechnischer Sicht. In: *Automatisierungstechnik* (2001), Juni, S. 249–259

[69] TESIS DYNAware: *TM-Easy Manual*

[70] Timpe, K.-P.: Fahrzeugführung: Anmerkungen zum Thema. In: *Fahrzeugführung*. Berlin, Heidelberg, New York: Springer Verlag, 2001, S. 9–27

[71] Trzesniowski, M.: *Rennwagentechnik*. Wiesbaden: Vieweg + Teubner, 2010

[72] Uhlig, R.: *Beitrag zur Erarbeitung von Steuerungsalgorithmen eines elektrischen Mehrmotorenantriebes für Fahrzeuge an einem Laborversuchsstand*, Brandenburgische Technische Universität Cottbus, Dissertation, 2001

[73] Unbehauen, H.: *Regelungstechnik II*. Wiesbaden: Vieweg Verlag, 2007

[74] Unbehauen, H.: *Regelungstechnik I*. Wiesbaden: Vieweg+Teubner Verlag, 2008

[75] Wilkens, R.: Bewegungssysteme in der Simulation. In: *VDI-Berichte Nr. 1745: Simulation und Simulatoren - Mobilität virtuell gestalten*, 2003